인류의 진화

인류의 진화

아프리카에서
한반도까지

우리가
우리가 되어온
여정

이상희 지음

동아시아

인류 진화 연대표

8000000
800~500만 년 전
공통조상에서 분기

호미닌? 호미니드?
호모 사피엔스?
Ch. 네 이름은 호미닌

3000000
300~200만 년 전
오스트랄로피테쿠스
아프리카누스(타웅 아기)

폭력성은 우리의 본능일까?
Ch. 킬러 유인원

2500000
약 250만 년 전
오스트랄로피테쿠스 가르히

도구를 사용한 건
사람뿐이었을까?
Ch. 장비발이 중요해

분기

직립보행

5000000
500~400만 년 전
아르디피테쿠스 라미두스

인류의 조상이
나무도 잘 탔다면?
Ch. 멋대로 걷기

4000000
400~300만 년 전
오스트랄로피테쿠스 아파렌시스

700000
약 70만 년 전
저우커우뎬의 베이징인
(호모 에렉투스)

200000
20만 년~15만 년 전
호모 사피엔스

현생 인류,
우리의 뿌리는 하나일까?
Ch. 사피엔스의 기원

300000
30~20만 년 전
호모 날레디

약 30만 년 전
함경북도 화대군 석성리
'화대 사람'

약 20만 년 전
네안데르탈인

네안데르탈인의 벽화가 의미하는 것
Ch. **상상의 날개**

1800000
약 180만 년 전
인도네시아의 자바인
(호모 에렉투스)

아시아의 호모 에렉투스
Ch. **아시아 기원론**

약 20만 년 전
데니소바인

데니소바인은 정말 존재했을까?
Ch. **상상의 고인류, 데니소바인**

도구
제작

불의
사용

1900000
약 190만 년 전
호모 에렉투스

고인류는 곤충식을
했을까?
Ch. **고기 말고**

30000
약 3만 년 전
충청북도 단양군 '상시 사람'

한반도에는 어떤
고인류가 살았을까?
Ch. **한반도의 고인류**

1000000
100~2만 년 전
호모 플로레시엔시스

작은 인류, 작은 머리
Ch. **머리가 작아도 돼**

2300000
230~190만 년 전
호모 하빌리스

들어가며: 흐르는 강물처럼

현재 지구상에 존재하는 인류는 단 한 명도 빠짐없이 하나의 종, 호모 사피엔스*Homo sapiens*에 속합니다. 호모 사피엔스가 속한 호모속에는 현재 다른 어떤 종도 포함되어 있지 않습니다. 사람같이 생긴 동물은 모두 호모 사피엔스입니다. 사람 비슷하게 생겼으나 딱히 사람은 아닌 종, 호모속에 속한 다른 종은 상상 속에서만 존재합니다. 그러니까 호모 사피엔스, 즉 사람은 외둥이인 셈입니다.

사람과 가장 가까운 친척이라는 침팬지도 외둥이는 아닙니다. 침팬지속에는 침팬지와 보노보 두 종이 속해 있습니다. 고릴라 역시 외둥이가 아닙니다. 고릴라속에는 동부고릴라와 서부고릴라의 두 종이 있습니다. 가까운 친척이라고 하지만 침팬지나 고릴라를 보면 그다지 가깝다는 생각이 들지 않습니다. 외둥이는 자신이 특별하다고 생각하기 쉽습니다. 호모속의 유일한 종인 호모 사피엔스는 사람이 다른 생물계와는 다른, 구별되고 특별한 존재라고 생각합니다. 사람은 자신을 만물의 영장이라고 부릅니다. 세상 만물이 세상의 중심인 자신을 위해 존재한다고 생각합니다. 이 세상 모든 생명체 중 가장 뛰어나기 때문에 누구나 사람이 되려고 한다고 생각합니다.

호모 사피엔스가 특별하게 창조된 것이 아니라 다른 생명체처럼 진화의 산물이라는 생각은 참신한 해석을 낳았습니다. 현존하는 사람을 정점에 두고 사람과 비슷할수록 가까운 조상이, 다를수록 먼 조상이 되었습니다. 그렇게 차례로 놓고 보니 차츰 사람의 모습이 되어갑니다. 구부정한 원숭이와 흡사한 모습의 동물이 네발로 기어다니다가 조금 일어서고, 그보다 좀 더 일어나서 도구를 손에 들고 머리가 커지며 점차 당당하게 가죽옷을 갖추어 입은 현생인의 모습으로 발전합니다. 나란히 한 줄로 서서 앞을 향해 행진하는 모습은 지금도 '인류의 진화'라는 단어를 검색하면 흔히 볼 수 있는 '위대함을 향한 행진'입니다. 오스트랄로피테쿠스 아프리카누스*Australopithecus africanus*에서 호모 하빌리스*Homo babilis*, 호모 에렉투스*Homo erectus*, 네안데르탈인*Homo neanderthalensis*을 거쳐 마지막 호모 사피엔스로 이어지는 단선 진화는 20세기 중반까지 정설로 받아들여졌습니다. 마지막에 등장하는 인류가 이전의 인류보다 더 우수한 모습, 바로 지금의 사람에 더 가까운 모습으로 진화했다는 데에는 지금의 인류가 가장 뛰어나다는 생각이 담겨 있습니다. 『호모 사피엔스, 그 성공의 비밀The Secret of Our Success』(2016) 같은 책 제목에서도 드러나는 생각입니다. 단선적인 진화는 점점 사람의 모습을 갖추는 방향으로 인류가 진화했다고 생각하게 합니다. 우리만 성공했을까요?

　그러나 인류의 역사를 살펴보면 이렇게 단일한 인류 계통이 존재했던 시기는 결코 길지 않았습니다. 반대로 수백만 년의 인류 진화 역사를 거치면서 여러 인류 계통이 동시에 존재했던 적이 많았습니다. 오스트랄로피테쿠스 아프리카누스가 아프리카 남부에서 살고 있을 때 아프리카 동부에서는 파란트로푸스 에티오피쿠스*Paranthropus aethiopicus*가 살고 있었습니다. 아프리카 외에 세계 어느 곳에서도 인류가 살고 있지 않았습니다. 그 뒤 호모 에렉투스가 아시아에서 살고 있을 때 유럽에서는 호모 하이델베르겐시스*Homo heidelbergensis*가 살고 있었습니다. 유럽에서 네안데르탈인이 살고 있을 때 아시아에는 데니소바인*Denisovans*이 살고 있었습니다. 호모 에렉투스와 호모 하이델베르겐시스가 서로 다른 종인지, 네안데르탈인이 데니소바인과 서로 다른 종인지의 논란보다 중요한 메시지는 인류 계통이 우리가 생각했던 것보다 훨씬 더 다양했다는 것입니다.

　인류의 진화는 마치 정권을 이양하듯, 왕조가 바뀌듯 하나의 계통에서 다른 계통으로 바뀌며 진행된 것이 아니라 하나의 계통에서 두 개의 계통으로 갈라지며 진행되었다는 생각이 20세기 후반에 자리 잡았습니다. 계단이 아닌 나뭇가지처럼 뻗어 나가는 모습이 20세기 후반에 자리 잡은 인류의 진화에 대한 이미지입니다. 나무 모양이 만들어 낸 인류의 진화에는 다양한 고인류 계통이 등장합니다. 공통의 조상 계통에서 두 개의 계통으로 갈라져 나가기를 반복하면서 아름드리나무가 만들어졌습니다. 인류 화석종의 이름도 늘어났습니다. 사헬란트로푸스 차덴시스*Sahelanthropus tchadensis*, 오로린 투게넨시스*Orrorin tugenensis*, 아르디피테쿠스 라미두스*Ardipithecus ramidus*, 오스트랄로피테쿠스 가르히*Australopithecus garhi*, 오스트랄로피테쿠스 세디바*Australopithecus sediba*, 파란트로푸스 보이세이*Paranthropus boisei*, 파란트로푸스 로부스투스*Paranthropus robustus*, 호모 루돌펜시스*Homo rudolfensis*, 호모 에르가스테르*Homo ergaster*, 호모 안테세소르*Homo antecessor*, 호모 네안데르탈렌시스*Homo neanderthalensis* 등 수없이 많은 화석종이 발표되었고 지금도 발표되고 있습니다. 한번 갈라져 나간 나뭇가지가 다시 만나지 않듯이 두 계통으로 분화된 인류는 각자 나름의 진화 역사를 만들며 새로운 종이 되어 다시는 만나지 않게 됩니다. 수없이 많은 화석종 중 현재의 인류로 이어져 온 '정통'의 가지가 있고 나머지는 '곁'가지라는 생각이 자리 잡았습니다. 곁가지는 막다른 골목길에 마주친 것처럼 더 이상 진화하지 못하고 인류의 진화 무대에서 사라지고 마는 '루저'의 역할입니다. 호모 사피엔스처럼 성공한 자손에게 유전자를 물려주지 못했다고 생각했죠. 네안데르탈인도 그중 하나였습니다.

21세기에 들어서 다시 새로운 그림이 그려지고 있습니다. 서로 유전자 교환을 하지 않았어야 할 종끼리 유전자 교환이 이루어졌다는 사실이 고유전학의 발달로 알려지게 되었습니다. 조상을 찾는 작업은 '정통'의 가지를 따라 올라가는 것이 아니었습니다. 기원이 하나가 아니기 때문입니다. 20세기에는 네안데르탈인이 호모 사피엔스의 조상인지, 호모 사피엔스에 네안데르탈인이 유전적으로 기여했는지가 관건이었습니다. 그런데 이제는 호모 사피엔스에서 네안데르탈인의 유전자가 발견되었을 뿐 아니라 데니소바인에서부터 이름이 붙여지지 않은 X 집단까지 다양한 고인류 집단이 호모 사피엔스의 조상임이 밝혀졌습니다. 해수면이 낮아져 바다가 뭍으로 드러나 있던 시기에 고인류 집단은 아프리카와 유라시아가 이어진 땅덩어리 위에서 서로 만나 아이를 낳기도, 갈등으로 서로를 죽이기도, 석기를 만드는 방법과 추위를 피하는 방법을 배우기도 했습니다. 그렇게 다양한 집단이 어우러져서 호모 사피엔스를 만들어 냈습니다.

20세기 전반 우리의 생각을 지배했던 계단식 진화, 20세기 후반 우리의 생각을 지배했던 나무식 진화, 이 둘 모두 실제로 일어난 일을 표현하기에는 모자라는 은유였습니다. 인류의 진화는 한 줄로 나란히 서서 앞으로 행진하는 모습도, 곁가지와 본가지로 갈라져서 울창한 아름드리나무가 되어 뻗어가는 모습도 아닙니다. 차라리 갈라졌다가 다시 만나고 다시 갈라지는 강줄기의 모습에 가깝습니다. 그리고 많은 물줄기를 이루었던 인류 계통의 다양성은 이전에 생각했던 것보다 훨씬 더 큽니다. 작은 물줄기에서 큰 물줄기로 모여 지구 전체를 덮고 있는 우리 호모 사피엔스는 다양한 집단의 다양한 기원이 만들어 낸 모습입니다.

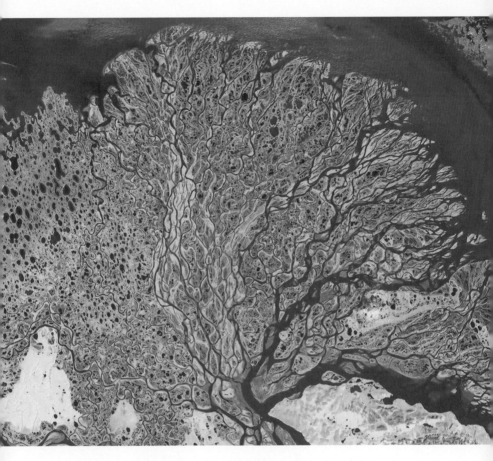

인류의 진화는 서로 얽혀 흘러가는 강에 비유할 수 있다.

20세기에 널리 퍼졌던 인류 진화 모식도가 더 깔끔하고 분명해 보일 수도 있겠습니다. 하지만 현실은 훨씬 더 복잡하고 훨씬 더 화려합니다. 고인류에 대한 연구는 지금도 계속 이루어지고 있기에 '최신 연구 결과'가 언제 어떻게 바뀔지는 알 수 없습니다. 그러나 분명한 사실은 고인류학의 연구 결과뿐만 아니라 고인류를 바라보는 우리의 시선 역시 바뀌고 있다는 것입니다. 고인류에게 붙여지는 이름은 지금은 죽은 언어인 라틴어로 되어 있습니다. 그러나 이들 고인류 화석종의 삶은 역동적이고 새로운 모습으로 우리에게 다가옵니다.

THE EVOLUTION OF HUMANKIND

네 이름은
호미닌

인류를 부르는 학명은 무엇일까요? 사람을 일컫는 학명은 호모 사피엔스*Homo sapiens*입니다. 호모 사피엔스와 더불어 그의 모든 조상을 일컫는 이름도 있습니다. 네안데르탈인, 호모 에렉투스, 오스트랄로피테쿠스 아파렌시스*Australopithecus afarensis* 등 지금은 사라진 수십 개의 조상종까지 모두 아울러서 일컫는 이름은 우리말로 사람아족이라고 합니다. 영어로는 호미닌hominin입니다. 이들은 침팬지 계통과 갈라져서 독자적인 길을 걷게 된 인류 계통에 속하는 모든 종을 포함합니다. 그런데 20세기에는 이들을 사람아족(호미닌)이라고 부르지 않고 사람과(호미니드hominid)로 불렀습니다. 사람과와 사람아족 사이에는 'n'으로 끝나는 호미닌과 'd'로 끝나는 호미니드처럼 글자 하나의 작은 차이만 있는 것이 아닙니다. 여기에는 중요한 의미가 담겨 있습니다.

이 세상의 모든 생물체에는 이름이 있습니다. 생물체의 이름은 특정 사회, 특정 언어, 특정 문화에 따라 달라집니다. 개와 고양이가 영어로는 도그dog와 캣cat으로 불리는 것처럼 말입니다. 원래 우리나라에 존재하지 않았거나 존재했더라도 알려지지 않았던 동물에게는 외래어 이름이 붙여집니다. 침팬지, 고릴라가 그렇습니다. 그렇다고 모든 사회에서 침팬지를 침팬지라고 부르지는 않습니다. 가령 중국 문화권에서는 침팬지, 오랑우탄 등을 '성성이 猩猩'라고 부릅니다. 하지만 학명은 다릅니다. 학명은 사회, 문화를 넘어 국제적으로 통일된 이름입니다. 중국에서든 영국에서든 침팬지의 학명은 판 트로글로디테스*Pan troglodytes*이지요. 앞서 말한 호모 사피엔스가 바로 우리 사람을 일컫는 학명입니다. 이 이름을 지어준 사람은 17세기의 린네Carl von Linné입니다. 린네는 사람뿐만 아니라 당시 알려진 생물들, 나아가 생물계 전체의 이름까지 지어주었습니다.

린네가 살았던 17세기에, 중세 이후 유럽인들이 아프리카, 아시아, 아메리카 등 다른 대륙과 활발하게 교류하게 되면서 수많은 생명체의 존재가 새롭게 알려졌습니다. 수많은 생명체가 보여주는 다양성은 맨눈으로는 볼 수 없는 세계에서도 놀라울 정도로 드러났습니다. 현미경이 발달하면서 하찮은 벌레들의 모습까지도 알 수 있게 되었기 때문입니다. 혼란스러워 보이는 생명체들 사이에도 질서가 있다고 생각했던 린네는 이 질서를 보여주기 위해 서로 비슷한 생명체들을 체계적으로

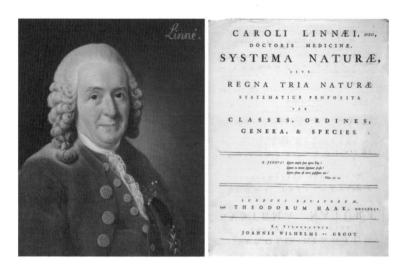

칼 린네의 초상과 생물 분류학의 출발점이 된 그의 책 『자연의 체계』Systema Naturae(1735).

묶었습니다. 종Species-속Genus-과Family-목Order-강Class-문Phylum-계Kingdom가 그것입니다. 비슷한 생물체들을 같은 종으로 묶고, 비슷한 종들은 같은 속으로 묶고, 비슷한 속들은 같은 과로 묶었습니다. 종은 가장 기본적인 생물 분류 단위가 되었습니다. 린네의 이명법에 따라 종명은 속명generic name과 종소명specific name의 두 이름으로 이루어집니다. 속명은 대문자로 시작하고 종소명은 소문자로 시작합니다. 그리고 종명은 반드시 이탤릭체로 쓰거나 밑줄을 쳐서 종명이라는 것을 나타냅니다. 호모 사피엔스Homo sapiens 중 호모Homo는 속명이고 사피엔스sapiens는 종소명입니다.

두 단어가 아닌 세 단어로 학명을 나타낼 때도 있습니다. 그 경우 세

번째 단어가 소문자로 시작하면 종보다 하위 개념인 아종 혹은 변종을 의미합니다. 가령 호모 사피엔스 사피엔스*Homo sapiens sapiens*는 호모 사피엔스의 아종입니다. 한편 세 번째 단어가 대문자로 시작하면 종명을 붙인 사람의 이름을 나타냅니다. 예를 들어 '*Homo sapiens Linne*' 라고 쓰면 호모 사피엔스 종의 이름을 붙인 사람이 린네라는 뜻이 됩니다.

린네는 일견 혼란스럽고 복잡해 보이는 생물계에 체계적인 질서를 보여줌으로써 자연에 법칙이 있다는 것을 알리고자 했습니다. 사실 린네가 생물계의 자연 법칙을 보여준 이유는 이 세상이 신이 계획한 대로 질서 정연하고 완벽하게 짜여 있다는 것을 말하고자 했기 때문입니다. 그런데 결과는 그가 의도하지 않은 방향으로 흘러갔습니다. 어째서일까요? 바로 사람에게도 종명을 붙였기 때문입니다.

당시 유럽인의 생물관은 유대 기독교의 성서에서 드러나는 가치관을 충실히 따랐습니다. 사람은 신이 특별하게 만들어서 다른 동식물들과 엄연히 구분되는 존재라고 생각했습니다. 린네 또한 예외가 아니었습니다. 특히 그는 목사의 아들로 태어난 모태 신앙인이자 지적설계론의 열렬한 신봉자였습니다. 그런데 신의 위대함과 신이 만든 세계의 완벽함을 보여주려고 만든 분류 체계에 사람이 호모 사피엔스라는 이름으로 들어간 순간, 사람 또한 여타 생명체와 마찬가지로 자연의 일부가 되어버렸습니다. 사람이 결코 특별한 존재가 아니라는 생각은 여러모로 영향을 주었습니다. 훗날 진화론이 체계를 갖추면서 이러한 생각은 사람 역시 다른 생물체와 마찬가지로 진화한다는 생각으로 이어졌기 때문입니다.

린네가 제창한 분류법은 종은 절대 변하지 않는다는 당시의 사고 체계 안에서 만들어진 것입니다. 그런데 100여 년이 지나 진화론이 발전하면서 생물 분류 체계의 의미가 달라지게 됩니다. 생물 분류 체계는 본질적으로 변하지 않는 생물들을 임의로 모아서 종명을 붙여놓은 것에 불과하다고 여겨졌지만, 사실은 그게 아니라 모든 생물체가 서로 연결되어 있다는 생각이 자리 잡게 됩니다. 서로 비슷한 것끼리 종 단위로, 속 단위로 묶이는 이유는 그들이 같은 조상에서 내려왔기 때문입니다. 공통 조상이 먼 옛날에 있었고 그 후 서로 갈라진 다음 많은 세월이 흐르면 그만큼 서로 다른 모습을 하게 됩니다. 공통 조상에게서 갈라진 지 얼마 되지 않았다면 서로의 모습이 아직은 그렇게 많이 다르지 않습니다. 분류의 기준인 '비슷함'과 '다름'은 공통 조상에게서 언제 갈라져 나왔는지를 나타내는 자료이며, 분류를 통해 이 세상의 모든 생명체를 하나의 조상에서부터 갈라져 나온 역사로 엮어낼 수 있습니다. 바로 '생명의 나무'입니다.

비슷한 계통의 생물들을 어디서 어떻게 묶느냐는 그들이 공통 조상에게서 언제 갈라져 나왔느냐, 달리 말하면 기원점이 어디냐의 문제입니다. 기원점을 어디로 보느냐는 바로 사람아족과 사람과 중 어느 쪽이 맞는지에 그대로 이어지는 문제입니다. 실제로 20세기까지 인류 계통을 사람과(호미니드)라고 부른 것은 인류 계통이 '과'급으로 구별된 진화 역사를 가지고 있다는 정설을 반영합니다. 겉보기에 침팬지나 고릴라 등 다른 유인원과 많이 다르게 생겼기 때문에 인류 계통인 사람과가 다른 유인원과 갈라진 기원점을 약 1,000만 년 전일 것이라고 생각했습니다.

인류와 가장 가까운 유인원이 침팬지인지 고릴라인지에 대해서는 20세기 말까지 계속 논쟁이 있었습니다. 왜냐하면 겉으로 봤을 때 사람은 침팬지와도 비슷하고 고릴라와도 비슷하기 때문입니다. 하지만 생김새만 보면 차라리 침팬지와 고릴라가 비슷하고 사람은 이들과 완전히 다르게 생겼다고 할 수 있습니다. 달리 말하면 침팬지와 고릴라가 가까운 친척이고 사람은 훨씬 이전에 갈라져 나온 계통이라고 추정할 수 있다는 것입니다.

그런데 1960년대에 사람과 유인원의 혈청 단백질을 비교한 결과를 발표한 논문에서 놀라운 사실이 밝혀졌습니다. 당시 생각에 따라 1,000만 년 전에 사람과 유인원이 갈라졌다면 서로 매우 다른 혈청 단백질을 가지고 있어야 했습니다. 그런데 사람과 유인원은 놀라울 정도로 비슷한 혈청 단백질을 가지고 있었습니다. 이 연구 결과에 따라 사람과 유인원은 1,000만 년 전이 아니라 불과 수백만 년 전에 갈라졌다는 가설이 등장했습니다. 충격적이었습니다. 유전학의 발달로 사람뿐만 아니라 침팬지와 고릴라의 유전자 자료까지 모이기 시작하면서 사람, 침팬지, 고릴라 세 계통 중 사람과 침팬지가 가장 가깝다는 것이 드러났습니다. 사람과 침팬지가 유전적으로 비슷한 정도는 사람과 고릴라가 비슷

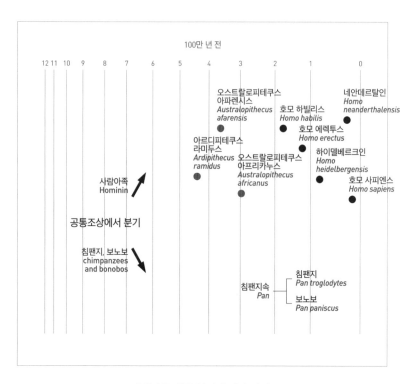

사람아족 계통 분기와 진화 과정.

한 정도, 침팬지와 고릴라가 비슷한 정도보다 분명히 컸습니다.

사람과 침팬지가 서로 놀랍도록 비슷하다는 이야기는, 달리 말하면 사람과 침팬지 계통은 서로 갈라진 지 얼마 되지 않았다는 뜻입니다. '우리'와 침팬지가 유전자의 98.5퍼센트를 공유한다는 것이 밝혀지고 이것이 후속 연구로 계속 뒷받침되자 충격은 학계 전반으로 퍼졌습니다.

린네가 사람을 생물 분류 체계에 집어넣자 사람이 유달리 특별한 존재가 아니라 다른 생물과 마찬가지로 자연의 일부일 뿐이라는 생각이 어느 정도 자연스럽게 받아들여지게 되었습니다. 그렇지만 인류 계통이 고릴라나 침팬지와 같은 다른 유인원과 갈라진 지 꽤 오래되었으리라는 생각은 여전히 남아 있었습니다. 1980년대까지만 해도 라마피테쿠스Ramapithecus, 프로콘술Proconsul 등 1,000만 년 전의 유인원 화석이 유력한 인류 조상 후보로 꼽혔습니다. 그런데 인류 계통의 기원점이 1,000만 년 전이 아니라 그 절반에 불과한 500만 년 정도 전이었다는 사실이 밝혀짐으로써 라마피테쿠스나 프로콘술은 인류의 기원과 관련이 없는 유인원 계통에 속하는 화석종으로 결론지어졌습니다.

인류 계통의 역사가 고작 수백만 년에 불과하다는 것이 학계에 일반적으로 받아들여지게 되면서 인류 계통을 가리키는 말도 바뀌었습니다. 인류 계통을 새로 지칭하게 된 말은 바로 사람아족(호미닌hominin)입니다. 인류 계통의 정통성은 과(사람과, 호미니드hominid)도, 족(사람족, 호미나인hominine)도 아닌 일개 하위 단위인 아족(사람아족, 호미닌hominin)에 불과합니다.

분류 단위가 바뀌는 일은 언뜻 별로 중요하지 않은 변화라고 생각할 수도 있습니다. 과든 아족이든 보통 사람들에게는 그게 그거라고 생각하기 쉽습니다. 하지만 여기에는 인류의 기원에 대해 근본적으로 다른 생각이 담겨 있습니다. 인류 계통이 시작한 시점이, 그러니까 인류가 침팬지와 하나의 계통이었다가 서로 다른 계통으로 갈라지기 시작한 시점이 우리가 생각했던 것만큼 오래전이 아니라는 뜻입니다. 인류 계통이 과 단위가 아닌 아족 단위로 분류되었다는 것은 인류 계통이 침팬지 계통과 여태까지 생각했던 정도보다 더 가깝다는 뜻입니다. 인류가 그다지 특별하지 않다는 뜻이기도 합니다. 고인류학의 역사는 어떻게 보면 사람이 다른 동물에 비해 얼마나 특별하지 않은지를 밝혀온 역사이기도 합니다.

유전적으로 이렇게 가깝고 고생물학적으로도 아주 최근까지 한 계통에 속해 있었던 사람과 침팬지는 계통이 갈라진 이후에도 지금 함께 살아가고 있습니다. 그런데 겉보기로는 두 생물의 모습이 판이합니다. 하나의 조상에서 갈라진 다음 사람이 그만큼 많이 달라진 것일까요? 아니면 침팬지가 많이 달라진 것일까요? 혹은 두 계통 모두 달라진 것일까요? 사람과 침팬지의 공통 조상의 모습은 어떠했을까요? 사람과 침팬지의 공통 조상에 가까운 화석종은 아직 발견되지 않았기 때문에 아무로 모릅니다.

독일의 생물학자인 에른스트 마이어Ernst Mayr는 종을 1) 서로 생식이 가능하고 2) 자발적으로 서로 간에 생식 활동을 하며 3) 그렇게 해서 나온 자손이 생식 능력을 가지고 있는 무리라고 정의했습니다. 서로 생식이 가능했던 하나의 종種, species에서 서로 생식이 불가능한 다른 종으로 갈라지는 과정은 역동적입니다. 어느 순간 칼로 두부를 가르듯 하나였다가 둘로 갈라지는 것이 아니라 차츰 유전자를 섞지 않게 되면서 서로 다른 점을 쌓아가게 됩니다. 처음 갈라졌을 때는 당연히 서로 유전자를 섞을 수 있지만 점차 차이가 커지면서 서로 유전자를 섞을 수 없게 됩니다. 종이 완전히 갈라지는 겁니다.

인류가 침팬지와 서로 다른 계통으로 갈라지게 된 것은 고작 500만 년 전의 일입니다. 침팬지는 인류와 다른 계통으로 갈라진 후에 종분화를 거쳐 지금 두 종으로 남아 있습니다. 침팬지와 보노보*Pan paniscus*입니다. 안타깝지만 고침팬지의 화석은 남아 있지 않습니다. 두 종으로 분화된 침팬지 계통과는 달리 인류 계통은 지금 단 한 종만 존재합니다. 호모 사피엔스입니다. 그동안 많은 종이 생겼다가 사라졌고 많은 고인류 화석을 남겼습니다. 우리는 그 화석들을 보며 과거에 살아 숨쉬던 인류의 모습을 상상해 보기도 하고 과학적인 가설을 세워보기도 합니다.

인류의 진화 역사에서 나타나고 사라진 수많은 고인류는 지금까지 살아 있는 종처럼 속명과 종소명을 라틴어로 지어서 씁니다. 오스트랄로피테쿠스 아파렌시스, 호모 에렉투스처럼 귀에 익은 종명도 많지만 새롭게 발견되어 학계의 인정을 기다리고 있는 종명도 있습니다. 호모 루조넨시스*Homo luzonensis*, 호모 롱기*Homo longi*가 그렇습니다. 혹은 오래전에 발견된 화석을 이제 와서 새로운 종명으로 부르자는 논문도 나옵니다. 화석 자체는 1976년에 발견되었지만 이름은 2021년에 발표된 호모 보도엔시스*Homo bodoensis*가 그렇습니다.

화석종은 생물학적인 종소명을 가지고 있어서 종인 것처럼 보이지만, 생물학적인 종이 그렇듯 서로 유전자를 섞을 수 없는 단위라는 정의를 그대로 화석에 적용할 수는 없습니다. 화석이 된 개체들이 살아 있었을 때 서로 유전자를 섞을 수 있는지 관찰할 수 없기 때문이죠. 사실 앞서 이야기한 생물학적인 종의 정의는 현실적으로는 크게 쓸모가 없습니다. 호모 사피엔스만 하더라도 지금의 사람과 1,000년 전의 사람이 생식 가능할지는 직접 관찰할 수 없습니다. 정황상 같은 종이라고 결론을 내릴 뿐입니다. 그런데 같은 종인지 다른 종인지는 실제로 자손을 낳을 수 있는지만으로 판단할 수 있는 게 아닙니다. 종에 대한 논란에는 학문 외적으로 정치적 요소나 사회적 요소가 스며 있습니다.

지구상에 살고 있는 사람들이 모두 호모 사피엔스라는 종에 속한다는 명제는 오늘날 너무도 당연하게 받아들여지고 있습니다. 하지만 중세 이후 유럽인들이 항해술의 발달에 힘입어 세계 각 대륙으로 진출하면서 만나게 된 다양한 사람들이 과연 같은 호모 사피엔스인지에 대해서는 논란이 있었습니다. 유럽인과 선주민 사이에서 실제로 생식이 일어나고 아이까지 낳아 길렀음에도 말입니다. "각지에서 맞닥뜨린 사람들이 나와 같은 호모 사피엔스에 속할까?"라는 질문은 생물학적인 관심이라기보다는 신대륙을 식민지로, 원주민을 노예이자 착취 대상으로 삼고자 했던 의도에서 비롯됩니다. 이들이 같은 종의 인류가 아니고 다른 종이라고 한다면 착취를 더 정당화할 수 있을 테니까요. 20세기 초만 하더라도 지구상에 살고 있는 사람들이 모두 호모 사피엔스인지, 몇 개의 종이 동시에 살고 있는지, 호모 사피엔스 종 아래의 하위 단위인 아종인지 의견이 분분했습니다. 달리 말하면 인류 계통이 '종'인지 '아종'인지의 논란이었습니다. 1950년 유네스코가 현재 지구상에 살고 있는 사람들은 모두 호모 사피엔스라고 선언해야 했을 정도입니다.

살아 있는 사람들의 종을 판단하는 것도 이렇게 쉽지 않은데 하물며 화석종은 어떻겠습니까? 유전자를 섞을 수 있는지를 직접 관찰할 수도 없고 게다가 수천 년, 수만 년, 수십만 년의 시간 차를 두고 있는 개체끼리는 더더욱 불가능합니다. 따라서 화석종은 생물학적인 종이 아닌 진화종이라고 봅니다. 진화종이란 일정한 진화 경향을 보이는 계통을 가리킵니다. 어떤 화석을 호모 에렉투스로 분류한다는 것은 다른 호모 에렉투스와 유전자를 섞을 수 있는지를 판단한 결과가 아니라 호모 에렉투스가 가진 독특한 진화 경향을 보이고 있는지를 판단한 결과입니다.

따라서 화석종은 실체가 있는 단위가 아니라 학자들의 동의를 통해 태어납니다. 어떤 화석에서 다른 어떤 화석에서도 볼 수 없는 특징을 발견한다면 새로운 화석종의 탄생을 발표할 수 있습니다. 하지만 사실 그런 경우에는 시간을 두고 자료가 모이기를 기다려야 합니다. 어떤 개체든 다른 개체에서 볼 수 없는 특징을 가지고 있기 마련입니다. 화석이 새롭게 발견될 때마다 새로운 종의 탄생을 발표한다면 우리 개개인도 각각의 종으로 발표되어야 합니다.

어떤 화석이 무슨 화석종인지, 그 화석종이 과연 종으로 인정받는지의 여부는 어쩌면 그다지 중요하지 않을지도 모릅니다. 그보다는 그 개체가 그리고 그 개체가 속한 집단이 어떤 환경에서 어떻게 살았는지를 알아보는 것이 더 중요할지도 모릅니다. 그럼 지금부터 인류의 다양한 조상들이 어떻게 살았는지 알아볼까요?

멋대로 걷기

최초의 인류가 눈앞에 나타난다면 우리는 그를 여타 유인원과 별반 다를 게 없다고 생각할지도 모릅니다. 온몸은 털로 뒤덮였으며 두뇌 용량은 침팬지와 비슷합니다. 키는 어른의 허리쯤까지 오는 유치원생 정도인데 32개의 영구치가 다 나왔으니 더 이상 크지는 않을 것입니다. 언뜻 보면 침팬지 같은 모습이지만 침팬지의 조상이 아니라 우리네 사람의 조상입니다. 조금만 더 살펴보면 알 수 있습니다. 최초의 인류가 움직이는 모습은 침팬지가 움직이는 모습과 완전히 다릅니다. 그는 똑바로 서서 두 발로 걷습니다.

물론 침팬지도 두 발로 걸을 수는 있습니다. 무릎을 살짝 굽히고 뒤뚱거리면서 걷지만 상당히 빠릅니다. 두 발로 걷기도 하고 앞발을 땅에 대고 네발로 걷기도 합니다. 하지만 인류의 조상은 앞발을 땅에 대고 걷지는 않았을 겁니다. 인류의 앞발은 두 손이 되면서 체중을 받치고 움직이는 노동에서 해방되었습니다. 인류의 조상은 허리와 무릎을 쭉 펴고 걷습니다. 그렇다고 해서 침팬지보다 더 빠르지는 않았을 것입니다. 흔하게 볼 수 있는 '인류의 진화' 도식에서는 구부정하게 네발로 걷다시피 두 발로 위태롭게 걷는 고인류가 반드시 등장합니다. 하지만 화석 자료가 보여주는 고인류의 두 발 걷기는 네발로 걷다시피 두 발로 걷는 모습이 아니라 허리를 쭉 펴고 발걸음 당당하게 두 발로 걷는 모습입니다.

네발로 걷는 짐승은 팔꿈치와 무릎으로 몸무게를 지탱합니다. 반면 두 발로 걷는 사람은 무릎으로만 몸무게를 지탱합니다. 따라서 사람의 무릎뼈는 몸무게를 안정적으로 지탱하게끔 튼튼하고 판판하게 생겼습니다. 넙다리는 한 발로 서기에 최적화하도록 골반에서 무릎 쪽으로 오면서 중심선에 가까워지게 각도를 이룹니다. 에티오피아에서 발견된 오스트랄로피테쿠스 아파렌시스의 무릎뼈 화석은 바로 그런 각도를 이룬 넙다리뼈의 끝부분과 종아리뼈의 윗부분이 남아 있는 화석이었습니다. 우리는 루시Lucy를 통해서 두 발 걷기가 만들어 낸 무릎뼈의 모습을 다시 확인할 수 있었습니다. 루시는 1974년에 발견된, 318만 년 전에 살았던 오스트랄로피테쿠스 아파렌시스의 화석입니다. 루시는 오스트랄로피테쿠스 아파렌시스가 두 발 걷기를 했으리라는 가설을 뒷받침해 주었습니다. 그리고 첫 인류는 이렇듯 두 발 걷기를 제외하고는 다른 유인원의 모습과 별반 다르지 않다는 것도 보여주었습니다.

메리 리키Mary Leakey가 탄자니아의 래톨리Laetoli에서 발견한 발자국 화석은 두 발로 걷는 고인류의 모습을 실시간으로 보는 것처럼 분명한 두 발 걷기의 증거였습니다. 두 발 걷기를 하는 사람은 한 발에서 다른 발로 옮길 때 마지막 순간 발끝에 체중을 싣습니다. 한 발 한 발 디딜 때마다 한쪽 발끝에 모인 체중이 다른 쪽 발꿈치로 옮겨 갑니다. 그래서 두 발 걷기를 하는 사람의 엄지발가락은 엄지손가락과 매우 다르게 생겼습니다. 우리의 짧고 굵은 엄지손가락은 다른 손가락 끝과 맞닿을 수 있지만 엄지발가락은 가장 길고 두꺼운 데다 다른 발가락 끝과 맞닿을 수 없습니다. 두 발 걷기 외에 다른 형태의 움직임에 적응된 모습이 아니라는 뜻입니다. 나뭇가지를 움켜잡고 나무 타기를 할 수 없다는 뜻입니다. 래톨리에 화석으로 남겨진 발자국에는 가장 길고 가장 두꺼운 엄지발가락을 볼 수 있습니다. 두 발 걷기를 했다는 결정적인 증거입니다.

래톨리의 발자국은 기적 같은 일이 겹쳐서 만들어졌습니다. 화산이 폭발하고 화산재가 두껍게 온 세상을 뒤덮었습니다. 뒤이어 비가 쏟아져서 화산재는 펄 같은 진흙으로 변했습니다. 펄 같은 진흙이 햇볕을 쬐면서 마를 때까지 며칠 동안 동물들이 걸어 다녔습니다. 그리고 흙 위에 발자국을 남겼습니다. 햇볕은 진흙을 시멘트처럼 단단하게 만들었습니다. 그리고 뒤이어 발생한 여진으로 화산이 또다시 폭발하고 시멘트처럼 단단해진 개흙층은 발자국을 그대로 머금은 채 두꺼운 화산재로 뒤덮였습니다. 그리고 366만 년 후에 화석으로 발견되었습니다.

발자국을 남긴 동물 중에는 고인류도 있었습니다. 네발로 걷는 동물

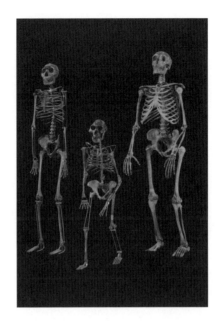

왼쪽부터 호모 에르가스테르, 오스트랄로피테쿠스 아파렌시스(루시), 호모 네안데르탈렌시스. 루시의 무릎뼈 모습을 통해 직립보행의 흔적을 확인할 수 있다.

이 남긴 발자국과는 달리 두 발로 걷는 동물이 남긴 발자국은 사람만이 남길 수 있는 자국이었습니다. 서너 명의 고인류가 함께 같은 방향으로 걸으면서 남긴 발자국은 지금 우리가 남기는 발자국과 크게 다르지 않습니다. 뒤꿈치로 땅을 딛고 엄지발가락으로 체중을 옮겨서 다른 발로 이어지는 걸음걸이를 366만 년 전 고인류가 똑같이 했다는 사실은 믿을 수 없을 만큼 획기적이었습니다.

　루시를 비롯한 오스트랄로피테쿠스 아파렌시스가 인류의 진화 도식에서 보이듯 구부정하고 엉거주춤한 모습으로 걷지 않고 당당하게 걸

멋대로 걷기

었을 뿐만 아니라 사람처럼 다른 방식으로는 움직일 수 없는, 두 발로만 걸었다는 가설이 고인류학계의 주류 가설로 자리 잡기까지 20~30년 이 걸렸습니다. 물론 아파렌시스가 걷는 모습이 우리와 똑같지는 않았 습니다. 래톨리에 발자국을 남긴 아파렌시스는 평발이었으니 아마 오 래 걸을 수는 없었겠죠?

땅에서 당당히 두 발로 걸었다는 쪽으로 주류 학설이 정리되었지만 논란은 나무 타기에 대해서 계속되었습니다. 오스트랄로피테쿠스 아파 렌시스는 나무 타기에도 능했을까요? 루시를 비롯한 아파렌시스 화석 의 어깨뼈와 손가락뼈에서는 재미난 특징을 찾을 수 있습니다. 사람은 어깨뼈와 위팔뼈가 연결되는 관절이 옆을 향하고 있지만 나무를 많이 타는 유인원은 45도 정도 위쪽으로 향합니다. 사람의 손가락뼈는 올곧 게 뻗어 있지만 나무를 많이 타는 유인원의 손가락뼈는 굽어 있습니다. 루시 화석의 어깨뼈 관절은 사람처럼 옆을 향하지 않고 위쪽으로 향하 고 손가락뼈도 굽었습니다.

그러나 루시의 어깨뼈와 손가락뼈가 나무 타기에 최적화된 유인원과 비슷하다고 해서 루시 역시 나무 타기에 적응되었다고 주장하는 학자 들은 큰 지지를 얻지 못했습니다. 조각만 남아 있는 루시의 어깨뼈로는 그 방향을 정확하게 측정할 수 없고, 손가락뼈가 굽었다고 해서 반드시 나뭇가지를 휘감는 동작에 최적화되었다고 볼 수는 없다는 이유였습니 다. 게다가 어깨뼈 관절과 손가락뼈가 남아 있는 루시는 몸집이 작아서 여자라고 판정되었는데, 그렇다면 330만 년 전 여자는 나무를 타고 남자만 두 발로 걸어 다녔다는 주장이냐는 농담 섞인 비판도 제기되었습니다. 무엇보다도 아파렌시스가 살던 곳은 숲이 아니었습니다. 날로 건조해지는 아프리카 동부의 초원과 곳곳에서 관목이 섞인 곳에 적응하는 고인류는 나무를 타기 위해 특화된 몸을 필요로 하지 않았다는 설명이 가능했습니다.

결국 1990년대를 마무리하면서 학계는 아파렌시스가 두 발로 걸었고 나무 타기에 적응하지 않았으며 남녀 간의 몸집 차가 큰 화석종이라는 것으로 입장을 정리했습니다. 최초의 인류 오스트랄로피테쿠스 아파렌시스는 유인원과 별반 다름없지만 사람과 같이 (직립보행 외에 다른 방식으로는 움직이지 않는) 의무적 직립보행을 했던 것으로 학계 전체가 동의하게 되었습니다. 직립보행을 했다는 것이 유일한 사람다운 특징이었습니다. 두뇌는 침팬지 정도로 작고, 몸집은 현생인류의 유치원생 정도였고, 치아는 컸습니다. 만약 그들이 도구를 만들어 썼다면 치아가 작아졌을 것인데 그렇지는 않았던 겁니다. 하지만 여느 유인원의 이빨처럼 무시무시하게 크지는 않았습니다. 침팬지와 그다지 다르지 않은 오스트랄로피테쿠스 아파렌시스가 침팬지의 조상이 아니라 인류의 조상이라고 결론지어진 이유는 인류의 특징인 의무적인 직립보행을 했다는 증거 때문이었습니다.

그리고 아르디피테쿠스 라미두스가 발견되었습니다. 1993년에 발견되어 2009년에야 상세한 내용이 발표된 아르디피테쿠스 라미두스는 440만 년 전의 고인류 화석종으로, 오스트랄로피테쿠스 아파렌시스보

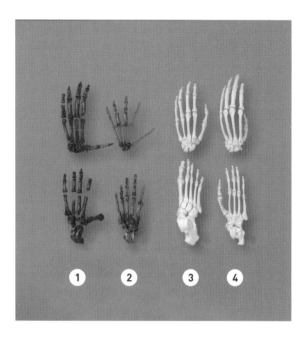

아르디피테쿠스 라미두스 손뼈(위), 발뼈(아래)의 비교. 옆으로 난 엄지발가락의 구조를 통해 나무 타기가 가능했음을 알 수 있다. ①아르디피테쿠스 라미두스 ②호모 플로레시엔시스 ③호모 사피엔스 ④침팬지.

다 100만 년 일찍 등장했습니다. 작은 머리와 작은 몸집은 우리가 알고 있는 초기 인류의 모습과 별반 다르지 않습니다. 하지만 자세히 들여다 보면 획기적으로 다른 모습을 볼 수 있습니다. 일명 아르디라고 불리게 된 아르디피테쿠스 라미두스의 엄지발가락은 의무적 직립보행을 했던 발가락의 모습이 아닙니다. 아르디의 엄지발가락은 우리의 엄지손가락 처럼 옆으로 나 있어서 다른 발가락과 맞닿을 수 있는 모습입니다. 나뭇 가지를 움켜잡고 나무를 탈 수 있는 모습의 발을 가진 아르디는 나무를 탔을까요? 유인원과 별다르지 않지만 단지 의무적 직립보행을 했기 때문에 인류 계통에 속하게 된 아르디가 나무 타기에 적응했다는 가설은 충격을 주었습니다. 인류가 기원한 것으로 알려진 사바나 초지에서 그렇게 탈 만한 나무가 많았을까요?

이 질문에 대한 답은 치아에서 발견할 수 있었습니다. 치아를 이루는 물질의 동위원소를 분석하면 주로 어떤 잎사귀를 먹었는지 알 수 있습니다. 숲에서 나뭇잎을 주로 먹었는지, 초지에서 풀잎을 주로 먹었는지 알 수 있죠. 그런데 아르디의 치아를 분석해 보니 나뭇잎을 주로 먹었음이 밝혀졌습니다. 나뭇잎이 많은 지역에 살았을 것이라는 의미입니다. 초기 인류가 사바나의 너른 초원에서 사람다운 두 발 걷기와 함께 시작했다는 가설에 금이 가기 시작했습니다. 인류는 의무적 직립보행과 함께 시작하지 않았을까요? 아니, 어쩌면 아르디피테쿠스가 초기 인류가 아닌 것은 아닐까요? 아르디는 화석뿐만 아니라 아르디를 발견한 고인류학자 팀 화이트Tim White에 대한 학계의 엇갈린 평가 때문에 큰 논란이 되었습니다.

그런데 21세기에 놀라운 발견이 이루어졌습니다. 440만 년 전의 아르디피테쿠스 라미두스에게서 보인 발 모습이 340만 년 전의 고인류에게서도 발견된 것입니다. 2012년 에티오피아의 고인류학자 요하네스 할레 셀라시Yohannes Haile-Selassie가 에티오피아에서 발견한 부르텔레Burtele 발 화석은 아르디처럼 엄지발가락이 옆으로 나 있었습니다. 오스트랄로피테쿠스 아파렌시스와 같은 시기에 같은 지역에 살았음에도 아파렌시스와 다른 형태의 발 모습을 가진 고인류 화석에 대해 학계는 아직 입장을 결정하지 못하고 있습니다. 아파렌시스와 같은 시기, 같은 지역에 또 다른 화석종이 존재했다는 가설은 아파렌시스가 외둥이 화석종이라는 주류 학설에 정면으로 도전하는 생각이기 때문입니다.

아파렌시스와 같은 시기, 같은 지역에서 함께 살았던 또 다른 고인류 화석종이 있었을까요? 부르텔레 발뼈 외에 어떤 증거가 있을까요? 놀랍게도 래톨리 발자국 화석에서 그동안 알려지지 않았던 자료가 발견되었습니다. 앞서 말했듯이 래톨리 발자국 화석은 큰 엄지발가락이 다른 발가락과 나란히 하는, 두 발로 걷는 사람의 발과 똑같은 모습이었습니다. 래톨리 발자국은 오스트랄로피테쿠스 아파렌시스가 두 발 걷기를 했다는 확실한 증거였습니다.

그런데 사실은 그 유명한 발자국 화석이 발견되기 2년 전에 리키의 큰아들 필립 리키가 래톨리에서 또 다른 발자국 화석을 발견했습니다. 무수한 동물 발자국 중에는 새 발자국도 있었고 굽 달린 동물의 발자국도 있었습니다. 발자국을 남긴 동물은 코끼리처럼 거대한 동물부터 원숭이, 토끼까지 다양했습니다. 발자국을 남긴 동물은 새를 제외하고는 모두 네발로 걷는 동물이었습니다. 그런데 그중 예외적으로 두 발 걷기의 발자국을 남긴 수수께끼의 동물이 있었습니다. 분명하게 알 수는 없지만 직립보행을 하는 사람의 발자국은 아니었기 때문에 곰 발자국일 것이라는 추측과 함께 그다지 큰 관심을 받지는 못했습니다.

그리고 50년이 지나 수수께끼의 발자국에 대한 분석이 진행되었습니

탄자니아 래톨리에서 발견된 화석에서는 고인류와 다양한 동물의 발자국을 확인할 수 있다.

다. 그 결과 곰 발자국은 아닌 것으로 결론이 났습니다. 문제의 발자국은 침팬지의 발자국과도 다르고 사람의 발자국과도 다른, 엄지발가락이 옆으로 난 아르디의 발과 비슷한 모습이었습니다. 엄지손가락처럼 나뭇가지를 휘감을 수 있는 엄지발가락을 가진 고인류는 440만 년 전에 잠깐 나타났다가 사라진 것이 아니라 360만 년 전에도 살아 있었습니다. 사람의 발 모습을 가지고 있는 고인류와 같은 시기, 같은 지역에서 나란히 살고 있었던 것입니다.

　초기 인류가 사람과 같이 두 발 걷기만을 할 수 있도록 적응했다는 가

설이 조금씩 깨지고 있습니다. 인류는 다른 어떤 특징보다도 직립보행을 함으로써 인류다워졌다는 정설에 정면으로 도전장을 던지게 되었습니다. 300만 년 전 인류의 조상은 오스트랄로피테쿠스 아파렌시스 하나뿐이 아니었습니다. 직립보행을 하는 방법은 하나뿐이 아니었습니다. 아파렌시스가 살았던 동아프리카에는 엄지손가락같이 생긴 엄지발가락으로 두 발 걷기를 하던 의문의 고인류가 함께 있었습니다. 이들은 아파렌시스와 만났을까요?

고인류의 시작이 당당한 두 발 걷기에서 시작했다는 가설이 주류 가설로 받아들여지기까지 20~30년이 걸렸습니다. 그리고 이제 다시 440만 년 전 아르디와 같이 두 발로 (당당하게) 땅 위를 걷고 나무도 탈 수 있는 모양새를 갖춘 고인류가 366만 년 전 동아프리카에서 아파렌시스와 같은 지역을 걸었다는 놀라운 가설이 제시되었습니다. 이 가설은 앞으로 좀 더 많은 자료의 검증을 거쳐야 할 것입니다. 지금은 단지 루시와 같은 오스트랄로피테쿠스 아파렌시스가 다른 고인류와 함께 따뜻한 화산재를 밟으면서 걸어 다니는 모습을 상상해 봅니다.

장비발이
중요해

요리면 요리 장비, 캠핑이면 캠핑 장비. 한국 사람은 장비발 세우기로 유명하다는 자평을 많이 봅니다. 그렇지만 장비발을 세우는 것은 한국인이 아닌 전 인류가 공통으로 가지고 있는 특징입니다. 인류와 다른 모든 동물을 비교했을 때 가장 두드러지면서도 또 인류 스스로 가장 자랑스러워하는 특징이 바로 도구의 제작과 사용이기 때문입니다.

다윈은 다른 동물과 차별화되는 인류의 특징을 큰 머리, 두 발 걷기, 도구 쓰기, 작은 치아로 보았습니다. 이 네 가지 특징은 서로 어우러져서 밀접한 연관 관계를 맺습니다. 두 발로 걸으니까 두 손이 자유로워지고, 자유로운 두 손을 이용해서 도구를 만들고 쓰게 되었고, 도구를 만들고 쓰기 위해서는 큰 머리가 주는 지능이 필요했고, 도구를 쓰면서 큰 치아가 필요 없게 되어 치아가 작아졌다는 가설입니다. 여기서 가장 크게 주목하고 싶은 부분은 바로 '도구를 만들고 쓰는 일'입니다. 달리 말하면 문화입니다. 사람을 사람답게 만들어 낸 것이 문화라는 이야기는 몹시 매력적입니다. 도구를 만들어 쓰는 것은 매력적이고 자랑스러운 일이기에 사람만의 특별하고 고유한 행위라고 여겨왔습니다.

그렇다면 도구의 기원을 밝히는 일, 최초의 도구를 찾는 일은 사람다움의 기원을 찾는 일이기도 합니다. 그리고 도구를 만들어 쓴 최초의 고인류는 사람다움을 알려주는 특별한 존재가 될 것입니다. 최초의 사람을 찾기 위해 케냐에서 발굴 조사하던 루이스 리키Louis Leakey가 1964년에 발표한 호모 하빌리스는 '손재주가 좋은 사람'이라는 뜻입니다. 이렇다 할 머리뼈도 없이 새로운 화석종이자 사람다움을 결정할 수 있는 중요한 위치에 놓이게 된 호모 하빌리스에게는 손뼈 화석이 있었습니다. 손뼈 화석을 보고 '손재주가 좋은 사람'이라는 이름을 붙여 최초의 도구 제작과 연결지었습니다. 도구를 만들 수 있는 손이었기 때문입니다. 도구를 만들 수 있는 손, 오로지 사람에게만 있는 손의 비밀은 엄지손가락입니다.

원숭이와 유인원이 속한 영장류는 엄지손가락을 돌려서 다른 손가락을 마주 볼 수 있도록 움직일 수 있습니다. 엄지발가락도 마찬가지입니다. 어떤 면에서 영장류에게는 두 손과 두 발이 있는 것이 아니라 네 손이 있는 셈입니다. 영장류는 엄지손가락과 엄지발가락을 돌릴 수 있는 네 손을 이용해서 나뭇가지를 쥐고 나무를 타는 데 적응했습니다. 사람

석기 제작은 높은 수준의 인지 능력을 요구한다.
사진은 1978년 연천 전곡리에서 발견된 주먹도끼들.

은 영장류이지만 두 손밖에 없습니다. 두 발 걷기를 하면서 뒤의 두 손은 두 발이 되었고 엄지손가락은 엄지발가락이 되었기 때문입니다.

사람의 엄지손가락은 보통의 영장류 엄지손가락처럼 다른 손가락을 마주 볼 수 있습니다. 그런데 사람의 엄지손가락에게는 특별한 능력이 있습니다. 엄지손가락이 다른 손가락과 마주 볼 뿐 아니라 엄지손가락의 끝이 다른 손가락의 끝과 맞닿을 수 있습니다. 오케이 사인을 만들수 있고 바늘을 잡을 수 있습니다. 사람 이외 영장류의 엄지손가락은 다른 손가락을 마주 볼 수 있지만 짧아서 손가락 끝끼리 맞닿지는 않습니다. 다른 손가락과 맞닿을 수 있도록 생긴 엄지손가락은 도구를 만드는데 중요한 조건이 됩니다. 가령 석기를 만들기 위해서는 돌을 붙잡고 깰수 있을 만큼의 강한 엄지손가락과 아귀의 힘이 필요합니다. 그렇기에 루이스 리키가 호모 하빌리스의 손뼈 화석을 보고 그런 이름을 붙였던 것입니다.

그렇지만 최초의 도구는 최초의 도구 제작자로 알려진 호모 하빌리스의 화석과 함께 발견되지는 않았습니다. 사람의 도구로 가장 많은 주목을 받은 것은 석기, 즉 돌로 만든 도구입니다. 최초의 도구는 최초의 석기이기도 한데, 그 이유는 단지 석기가 남아 있기 때문입니다. 사실 최초의 도구는 돌이 아닌 다른 재료, 예를 들면 나무, 가죽, 뼈 등으로 만들어졌을 가능성이 높습니다. 아니, 사람이 사용한 대부분의 도구는 돌이 아닌 재료로 만들어졌을 것입니다. 레이먼드 다트Raymond Dart는 최초의 도구를 뼈-이빨-가죽 문화osteodontokeratic culture라고 이름 붙였습니다. 그렇지만 돌로 만들어진 도구가 아니면 대부분 썩어 사라지고 남아 있지 않게 됩니다. 돌로 만든 도구는 몇백만 년 뒤에도 남아 있을 수 있습니다.

석기를 알아보는 일은 생각보다 어렵습니다. 어떤 도구가 의도를 가지고 쓰였는지, 어떤 도구를 우연히 한 번 썼는지 계속 썼는지, 어떤 도구를 만들어서 썼는지 다듬어서 썼는지 자연 상태 그대로 이용했는지 알아내기 힘듭니다. 땅에 놓인 돌을 집어 들어서 뼈를 깨고 골수를 파먹었다면 그때 쓰인 돌은 분명히 도구입니다. 그러나 그 장면을 직접 목

인류의 진화

격하지 않는 한 그렇게 쓰인 돌은 코끼리와 같은 동물의 발에 채어 뼈와 부딪히게 된 돌과 겉모습이 다르지 않습니다.

고고학자들은 고인류가 의도를 가지고 돌을 깨서 모양을 만들어 낸 도구를 알아볼 방법을 개발했습니다. 의도를 가지고 돌을 깨면 깨진 면에 특별한 자국이 남습니다. 땅에서 그냥 굴러다니다가 깨진 면과는 다르게 생겼습니다. 그렇게 힘들게 알아낸 석기 중 가장 이른 시기에 발견된 석기는 돌을 깨서 날카로운 날을 만들어 낸 올도완Oldowan 찍개입니다. 올도완식 찍개는 간단하게(?) 돌 표면을 깨서 날을 세운 것입니다. 날을 세우지 않은 나머지 표면까지 모두 다듬어서 특별한 모양을 만들지는 않았습니다. 하지만 인류 최초의 도구(우리가 도구라고 알아볼 수 있는 최초의 도구)인 올도완 찍개와 함께 발견된 고인류는 인류 최초로 도구를 제작한 것으로 알려진 호모 하빌리스가 아니었습니다.

고인류학사에서 초기에 발견된 올도완 찍개는 호모속이 아닌 오스트랄로피테쿠스속과 함께 발견되었습니다. 인류의 특징인 도구와 발견된 고인류가 호모가 아닌 오스트랄로피테쿠스라는 사실은 놀랍습니다. 오스트랄로피테쿠스가 도구를 만들고 사용했다는 뜻일까요? 오스트랄로피테쿠스 고인류와 석기가 함께 발견되었다는 사실이 곧 오스트랄로피테쿠스가 도구를 만들고 사용했다는 뜻은 아닐 수 있습니다.

석기와 함께 발견된 고인류에 대한 해석은 까다롭습니다. 석기와 함께 동물 뼈가 발견되었다면 우리는 고인류가 석기를 사용해서 동물 뼈를 처리했다고 봅니다. 석기와 함께 사람 뼈가 발견되었다면 우리는 사

올도완 찍개 재현품. 올도완 석기는 인류가 만든 석기 중 초기 단계의 형태로, 공정이 단순하다. 1930년대 탄자니아 올두바이Olduvai 협곡에서 최초 발견해 올도완이라는 이름이 붙었다.

람이 사용하던 석기라고 봅니다. 그러나 석기와 함께 발견된 오스트랄로피테쿠스가 과연 석기를 만들어 사용한 쪽인지, 아니면 동물처럼 도축된 쪽인지는 쉽게 알 수 없습니다. 석기를 만들어 쓴 고인류가 호모일 것이라는 가설에서 본다면 오스트랄로피테쿠스는 석기를 쓴 주체가 아니라 호모가 석기를 사용해서 도축한 대상이 됩니다. 이 해석은 도구를 처음 만든 고인류가 누구였는지를 전제하고 있습니다. 최초로 도구를 만들어 사용한 고인류는 호모 하빌리스라는 가설이 오랫동안 정설이었기 때문에 오스트랄로피테쿠스와 함께 발견된 석기가 오스트랄로피테쿠스가 만들어 쓴 석기일 수 있다는 가능성은 그다지 고려되지 않았습니다.

　도구를 만들어 쓰려면 뛰어난 머리와 손재주가 있어야 한다고 가정

인류의 진화

한다면, 호모 하빌리스가 가지고 있는 손뼈의 모습과 이전 오스트랄로 피테쿠스에 비해 커진 두뇌 용량은 호모 하빌리스가 최초로 도구를 사용하기 시작한 인류라는 정설을 뒷받침해 주었습니다. 큰 두뇌를 유지하기 위해서는 기존의 식물성 먹거리가 아닌, 큰 에너지를 낼 수 있는 동물성 단백질과 지방질이 다량 필요했을 것입니다. 커진 두뇌와 도구를 이용하여 동물성 단백질을 찾았으리라는 가설이 성립했습니다. 호모 하빌리스가 섭취한 동물성 단백질은 다른 포식자가 먹고 남긴 사체의 뼈를 깨서 얻은 골수일 것이라는 해석도 정설로 받아들여졌습니다. 포식자가 남긴 사체에 호모 하빌리스가 석기를 들고 등장해서 골수를 깨 먹었다는 것은 동물의 뼈 위에 난 칼자국을 보면 알 수 있습니다. 동물들의 이빨 자국 위에 칼자국이 나 있기 때문입니다. 동물들이 한 차례 먹고 난 다음 뼈만 남은 사체를 돌로 만든 도구로 쳐서 뼈 안의 골수를 빼 먹었을 것입니다. 고도의 지방질인 골수는 두뇌를 크게 만들고 또 사용할 수 있게끔 에너지를 제공했습니다.

호모 하빌리스 다음에 등장한 호모 에렉투스는 도구를 이용해서 사냥하고 도축하는 포식자의 위치에 올라서는 데 성공했습니다. 에렉투스가 사용한 아슐리안Acheulean 돌도끼의 칼자국 위에 다른 동물의 이빨 자국이 나 있었습니다. 아슐리안 돌도끼를 사용해서 한번 처리가 끝난 사체에 다른 동물이 왔다는 뜻입니다. 호모 하빌리스는 다른 포식자가 먹고 남긴 뼈를 깨서 골수를 먹었고 호모 에렉투스는 상위 포식자로서 동물을 직접 사냥하고 도축했다는 가설은 정설로 받아들여졌습니다. 석기와 함께 발견된 오스트랄로피테쿠스는 아마도 도축당했을 것이라는 짐작이 있었지만 정식 논문으로 발표된 예는 없습니다. 그만큼 어려운 문제였습니다. 오스트랄로피테쿠스가 석기를 만들어 썼다는 가설도, 호모(아마도 에렉투스)가 석기를 써서 오스트랄로피테쿠스를 사냥했다는 가설도 모두 받아들이기 어려웠습니다.

그런데 1996년, 약 250만 년 전에 살았던 고인류 화석종인 오스트랄로피테쿠스 가르히가 동물 뼈와 함께 발견되었습니다. 가르히와 함께 발견된 동물 뼈에는 칼자국이 나 있었습니다. 가르히가 석기와 발견되지는 않았지만 오스트랄로피테쿠스가 석기를 사용해서 남긴 동물 뼈의 흔적은 고인류학계를 놀라게 하기에 충분했습니다. 오스트랄로피테쿠스가 도구를 만들었는지는 몰라도 적어도 도구를 사용했다는 뜻이었기 때문입니다. 오스트랄로피테쿠스가 석기를 사용했다면 석기를 제작했을 가능성도 없지는 않게 됩니다.

칼자국이 난 동물 뼈는 계속 발견되었습니다. 340만 년 전 에티오피아의 디키카Dikika 유적에서 발견된 동물 뼈에 남겨진 칼자국은 분명히 호모속이 아닌 고인류가 도구를 써서 동물 뼈를 처리했다는 자료입니다. 340만 년 전에는 호모속이 존재하지 않았기 때문이죠. 330만 년 전 숲이 우거진 케냐의 롬퀴Lomekwi 유적에서 발견된 석기는 최초의 석기인 올도완 석기를 만드는 방법으로 만들어졌습니다. 돌을 깨서 날을 세운 찍개의 형태를 가지고 있는 석기를 만든 고인류는 누구였을까요? 물론 330만 년 전의 석기는 200만 년 전 석기에서와 같이 의도를 가지고 만들어진 도구라는 분명한 흔적을 가지고 있지는 않습니다. 의도를 가지고 석기를 만든 고인류가 호모속 외에도 있었다는 가설이 받아들여지려면 좀 더 기다려 봐야 합니다. 그러나 사바나 환경에 적응하면서 인류가 두 발 걷기를 하고 도구를 만들어 쓰게 되었다는 가설은 조금씩 도전받고 있습니다.

사실 석기를 만들기 위해서는 놀라울 정도의 인지 능력이 필요합니다. 석기 제작은 알맞은 원석을 고르는 일부터 시작됩니다. 크고 울퉁불퉁한 돌을 보면서 완성품을 상상하는 일은 지금 이곳 눈앞에 있는 시간과 공간을 넘어선 가상의 세계를 생각해 낼 수 있는 사고 능력이 필요합니다. 그리고 완성품에 이르기까지 거쳐나가야 하는 한 단계 한 단계가 눈에 그려져야 합니다. 생각과 다른 형태로 깨진 돌조각은 다시 붙일 수 없기 때문입니다. 따라서 석기를 만들 수 있는 능력은 고등한 지능과 인지 체계를 가진 사람에게만 있는 능력이라는 가정이 받아들여집니다. 450cc에서 시작하여 600cc를 채 넘지 않은 두뇌 용량을 가지고 있는 오스트랄로피테쿠스가 돌로 도구를 만들어 쓴다는 것은 믿을 수 없는 반전이었습니다.

작은 머리를 가진 오스트랄로피테쿠스는 도구를 어디에 썼을까요? 석기는 오랫동안 사냥 도구로 여겨졌습니다. 동물을 사냥하고, 털가죽을 벗겨내고, 고기를 저미거나 운반하기 쉬운 크기로 잘라내는 데 쓰였다는 것이 정설입니다. 석기의 쓰임새에 대해서 연구한 학자들은 석기로 면도하는 모습을 선보이기도 했습니다. 물론 석기는 사냥 도구로 쓰였을 것입니다. 그렇지만 사냥뿐만 아니라 다른 행위에도 쓰였습니다. 남아프리카에서 발견된 나무 도구에 남아 있는 흔적을 분석한 결과, 땅을 파서 구근류나 나무뿌리를 캐는 데에서 생긴 흔적이라는 것을 알 수 있었습니다. 석기 역시 동물성 먹거리를 구하거나 맹수로부터 보호하는 데 쓰였을 뿐만 아니라 식물성 먹거리를 확보하는 데에도 쓰였을 것입니다. 고인류의 뼈와 치아에 남아 있는 동위원소를 분석하면 동물성 먹거리만큼이나 식물성 먹거리에 의존했다는 것을 알 수 있습니다. 네안데르탈인의 고기 사랑은 널리 알려졌지만 그런 네안데르탈인도 충분히 식물성 먹거리를 찾아 구해서 먹었습니다.

도구를 만들어 쓰는 데에 큰 두뇌가 필요하지 않다는 사실은 따지고 보면 그렇게 충격적인 발견은 아닐지도 모릅니다. 사람만이 도구를 만들어 쓰지는 않거든요. 자연 속에서 재료를 써서 환경에 적응하는 동물은 많습니다. 긴 나뭇가지를 이용해서 목이 긴 병 안에 있는 먹이를 꺼내 먹는 까마귀의 모습은 감탄을 자아냅니다. 이것저것 가져와서 둥지를 만들어 트는 새의 모습도 눈에 익습니다. 하지만 이들은 자연 상태의 재료를 도구로 쓰기는 해도 도구를 만들지는 않습니다.

그렇다면 도구의 제작, 즉 자연 속의 재료를 가져다가 재료의 모습을 변형시켜서 소기의 목적을 달성하는 것은 오로지 사람만의 능력일까요? 그렇지도 않습니다. 침팬지가 나뭇가지를 다듬어서 흰개미 굴속으로 집어넣어 가지에 올라온 흰개미를 순식간에 후루룩 먹는 것은 유명한 예입니다. 하지만 사람의 도구 제작 사용과 달리 동물의 도구 제작 사용은 유전적으로 정해진 대로만 이루어진다는 것이 정설이었습니다. 이들은 도구를 만들거나 사용하는 방법을 알고 태어나 어느 순간 때가 되면 유전자가 발현해 도구를 만들게 됩니다. 가령 새가 나뭇가지를 모아 둥지를 꾸미는 행위는 누가 가르쳐 줘서 하는 것이 아니라 유전자의 지시에 따른 행위라는 것이었습니다. 반면에 사람을 비롯한 영장류는 배움을 통해 도구를 만들고 쓸 수 있습니다. 그리고 그렇게 익힌 행위를 다음 세대로 전승합니다. 전승하는 방법은 유전자가 아닌 학습입니다. 도구를 만드는 행위는 사람 외의 동물에게서도 나타나지만 사람처럼 문화를 세대에 거쳐 전승하는 동물은 없다고 여겨졌습니다.

그런데 이와 같은 정설에 또다시 정면으로 도전하는 연구가 점차 쌓이고 있습니다. 가령 사람과 가까운 침팬지를 비롯한 유인원은 사람처럼 행위를 배워서 다음 세대로 전승한다는 것이 밝혀졌습니다. 놀랍게도 흰개미를 잡아먹기 위한 도구인 나뭇가지를 다듬는 방법이 집단마다 다르다는 사실이 관찰되었습니다. 나뭇가지를 다듬는 방법이 집단 내에서 대대로 전승되기 때문입니다. 엄마가 나뭇가지를 다듬어 흰개미를 잡아먹는 모습을 유심히 보면서 따라 하는 아이는 커서 그 방법을 자신의 아이에게 가르치게 됩니다. 침팬지에게도 집단마다 독특한 문화(?)가 있다는 주장이 처음 제기된 1990년대 이후 침팬지뿐만 아니라 오랑우탄에게도 대대로 전승하는 도구 제작 방법이 있다는 것이 밝혀졌습니다. 문화 전통은 사람에게만 있는 것이 아니었습니다.

침팬지가 돌을 깨서 도구를 만드는 모습이 관찰되었고, 돌을 깨는 방법을 그다음 세대로 전승하는 모습도 관찰되었습니다. 두뇌 용량이 450cc 남짓한 침팬지가 돌을 깨서 도구를 만들어 쓸 줄 알고 그 방법을 다음 세대에게 가르쳐서 전승한다면, 오스트랄로피테쿠스 또한 그렇게 했을 가능성이 충분합니다. 사람만이 도구를 제작하여 사용한다고 생각했지만 그 생각은 틀렸음이 밝혀졌습니다. 사람만이 도구 제작 및 사용 방법을 가르치고 배우고 다음 세대로 전승한다고 생각했지만 그 생각 역시 틀렸음이 밝혀졌습니다. 우리는 사람이 다른 동물과 양적, 질적으로 다르다고 생각했습니다. 인류의 진화 역사 속에서도 사람이 속한 호모속은 그 이전의 오스트랄로피테쿠스속과 양적, 질적으로 다르다고 생각했습니다. 그런데 인류와 다른 동물 사이에 놓인 벽, 호모속과 오스트랄로피테쿠스속 사이에 놓인 벽은 의외로 두껍지 않았습니다.

몸니가 말해주는
인류의 진화

지금 이 책을 읽고 있는 여러분이 지금 사는 곳의 날씨는 어떤가요? 방 안에 가만히 앉아만 있어도 땀이 줄줄 흐르는 여름인가요, 아니면 칼바람이 살을 에는 듯한 추운 겨울인가요? 지금 바깥은 비나 눈이 오나요, 아니면 맑은가요? 여기저기서 들려오는 다양한 대답을 상상해 봅니다. 대답이 다양한 이유는 인류가 지구상 어디에서든, 어떤 환경에서든 살 수 있기 때문입니다. 심지어는 남극 대륙에서도 살 수 있을 정도입니다. 그런데 사실 인류의 몸 자체는 그렇게 다양한 환경에 적응할 수 있을 정도의 능력을 가지고 있지 않습니다. 인류가 이렇게 다양한 환경에서 살 수 있는 이유는 집과 옷처럼 다양한 문화를 통해 환경에 적응하기 때문입니다. 만약 지금 한국에 사는 사람이 맨몸으로 집 밖에서 지내게 된다면 절대로 살아남을 수 없을 겁니다. 나름 중위권의 온난한 기후 지대인 한반도에서도 이런데, 한반도보다 더 적도에 가깝거나 더 극지에 가까운 곳에서 맨몸, 맨발, 맨손으로 살아간다는 것은 상상조차 할 수 없습니다.

우리가 지금 다양한 환경에서 쾌적하게 살 수 있는 것은 현대 문명의 여러가지 이기가 있기 때문입니다. 지금과 같은 현대 문명이 있기 전의 고인류 역시 다양한 환경에서 살아야 했습니다. 그리고 실제로 살아남았습니다. 그들도 역시 그들 나름의 문화에 기대었기에 가능했던 일입니다. 그런데 우리는 문화뿐만 아니라 생물학적인 몸을 통해서도 다양한 환경에 적응해 왔습니다.

500만 년 전 아프리카에서 기원한 인류는 그 후 300만 년가량을 아프리카에서만 살았습니다. 인류 계통이 시작할 즈음의 아프리카는 지금보다 섭씨 3~4도가량 높았던 것으로 추정됩니다. 그 후 조금씩 기온이 내려갔지만 그래도 지금보다는 기온이 높았습니다(인류세Anthropocene에 들어서면서 다시 기온이 올라가고 있지만 그래도 수백만 년 전보다는 낮은 기온입니다). 인류는 따뜻한 곳에서 기원하여 수백만 년 동안 따뜻한 곳에서 적응한 셈입니다.

200만 년 전에 기원한 호모속의 몸집은 그 이전의 고인류에 비해서 확연히 커졌습니다. 500만 년 전부터 300만 년 동안 오스트랄로피테쿠스속의 키는 100센티미터 남짓했지만 호모속의 키는 180센티미터도 쉽게 볼 수 있을 정도였습니다. 그런데 호모속의 큰 몸집은 그저 오스트랄로피테쿠스속을 그대로 뻥튀기하듯 비율을 그대로 유지하면서 커진 몸집이 아닙니다. 커진 몸집의 대부분은 길어진 다리가 차지합니다. 따뜻한 기후에 적응할수록 몸통은 호리호리하고 팔다리는 길어집니다. 지금도 적도 지역에서 오랜 기간 살아온 사람들은 마찬가지로 몸이 호리호리하고 팔다리가 깁니다. 전체 몸집에 비해 표면적이 크도록 적응한 것입니다. 몸집에 비해 표면적이 큰 몸에는 땀을 증발시켜서 체온을 조절하는 새로운 적응 양식이 숨어 있습니다. 땀을 증발시킬 수 있는 표면적이 넓을수록 체온 조절에 도움이 됩니다. 몸의 표면적 변화는 지금 남아 있는 고인류의 화석을 통해 알아볼 수 있습니다.

그런데 따뜻한 기후에 적응하기 위해 필요한 요소가 한 가지 더 있습니다. 바로 몸의 털입니다. 털이 없는 것 또한 땀을 증발시키는 데 도움이 됩니다. 200만 년 전의 호모속 고인류는 더운 지역에서도 태양이 작열하는 낮 시간대에 활동할 수 있게 되었지만 과연 털이 없었는지는 화석으로 확인할 수 없습니다. 그렇지만 간접적인 증거도 있습니다. 그중 하나가 바로 이louse입니다.

이는 짐승의 털에 빌붙어 사는 곤충입니다. 사람에게서 발견되는 이 역시 털에서 알을 낳고 살다가 죽습니다. 사람에게 빌붙어 사는 이는 세 종류인데 머리털, 몸, 사타구니 털 등 사는 곳에 따라 서로 다른 종입니다. 사람의 머리에서 발견되는 이는 머리털에 살면서 두피에 쌓인 먹거리를 먹습니다. 머리털에 사는 이(머릿니)와 몸에 사는 이(몸니)는 같은 종 (페디쿨러스 휴머너스*Pediculus humanus*)이면서 다른 아종이지만 사타구니 털에 사는 이(사면발니)는 아예 다른 속(티루스 푸비스*Phthirus pubis*)입니다.

한 몸에 살고 있는 머릿니와 사면발니가 서로 다른 속에 속할 정도로 다르다는 점에서 고인류가 털이 없는 맨몸이었다고 추정할 수 있습니다. 온몸에 털이 있었다면 머리털과 사타구니 털 사이에도 털이 있었을 것입니다. 그렇다면 머리털에 있는 이와 사타구니 털에 있는 이가 다른 종이 되지 않습니다. 서로 사는 생태계를 공유하기 때문입니다. 가령 온몸에 털이 있는 인류의 사촌 침팬지와 고릴라에게는 온몸에 서식하는 이가 한 종입니다. 침팬지에게서 발견되는 이(페디쿨러스 스캐피*Pediculus schaeffi*)는 페디쿨러스속에 속하는 종이고, 고릴라에게서 발견되는 이(티루스 고릴라이*Phthirus gorillae*)는 티루스속에 속하는 종입니다.

머리털과 사타구니 털 사이에 털이 없다면 이의 입장에서 머리와 사타구니는 바다를 사이에 두고 떨어져 있는 대륙과도 같습니다. 서로 다른 서식지가 되어버린 머리와 사타구니에는 서로 다른 종이 살 수 있습니다. 머릿니는 500~600만 년 전부터 사람과 함께 살기 시작했습니다. 침팬지와 인류의 공통 조상으로부터 분기한 시점입니다. 그렇다면 머릿니는 인류와 가장 오랫동안 함께한 동물이라고 볼 수 있습니다. 머릿니와는 달리 사면발니는 330만 년 전부터 인류에게서 살기 시작했습니다. 사면발니는 고릴라에게서 보이는 이와 가까운 종입니다. 인류와 고릴라는 800만 년 이전에 갈라졌는데 고릴라의 이와 가까운 사면발니가 330만 년 전부터 인류와 살기 시작했다는 것은 다른 방식으로 인류와 고릴라가 가까웠음을 시사합니다. 아마도 고릴라를 잡아먹었거나 고릴라가 자고 난 숙소를 사용한 인류에게 옮겨 가서 사면발니라는 새로운 계통이 되었을 것입니다.

수백 만 년 동안 아프리카에서만 살아오던 고인류는 200만 년 전 호모속이 등장하면서 아프리카에서 확산하여 유라시아로 진출했습니다. 호모 에렉투스는 인류의 진화 역사상 최초의 글로벌 인류인 셈입니다. 2018년에 발표된 중국 상첸上陈의 고고학 유물은 210만 년 전의 것으로 추정되었습니다. 고인류 화석은 나오지 않았지만 인류가 남긴 흔적이 분명한 석기가 나왔기 때문에 고인류가 그곳에서 석기를 만들었던 것은 틀림없습니다. 상첸을 포함한 그 지역은 니허완泥河灣이라는 분지로, 중국의 수도 베이징보다 더 북쪽, 즉 북위 40도보다 더 위쪽에 자리 잡은 고도의 분지입니다. 니허완의 여러 유적에서는 고인류의 화석과 그들이 만들어 썼던 도구가 꾸준히 발견됩니다. 200만 년 전 호모속이 등장한 시점은 빙하기 주기가 본격적으로 진행되기 시작한 때이기도 합니다. 광활한 시베리아 대평원까지는 아니어도 찬 바람이 거침없이 불수 있는 곳, 지금도 춥지만 빙하기에는 더 추웠던 곳까지 고인류가 진출했습니다. 그러니까 어쩌다가 한번 그 추운 곳에서 살다가 죽은 것이 아니라 꾸준히 오랫동안 살았던 것입니다. 당시 고인류는 어떻게 북반구 중위도인 아시아 내륙 지방에서 빙하기를 견디며 살았을까요?

호모속의 고인류가 200만 년 전에 추위를 견딘 방식은 현재 호모속의 유일한 후손으로 남아 있는 호모 사피엔스가 추위를 견딘 방식과 본질적으로는 크게 다르지 않습니다. 몸으로 견뎌내고 문화로 견뎌냈습니다. 생물과 문화의 공진화라는 인류 특유의 적응 방식은 맹추위라는 새로운 환경에서도 진가를 발휘합니다.

빙하기의 북반구 중위도에서 살기 시작한 호모 에렉투스는 어떤 몸집을 가지고 있었을까요? 아프리카의 호모 에렉투스처럼 호리호리한 몸집이었을까요? 아니면 추운 지역에서 오래 살아온 사람들이 그러하듯 다부진 몸집을 가지고 있었을까요? 아시아 호모 에렉투스의 몸집에 대해서는 많은 자료가 남아 있지 않습니다. 안타깝지만 몸뼈보다 머리뼈가 주로 발견되었기 때문입니다. 더위에 적응한 몸이 빙하기를 동반한 추위에 적응하게 된 모습은 네안데르탈인의 형질에서 살펴볼 수 있습니다. 네안데르탈인은 다부진 몸통과, 적도 지역의 인류보다 상대적으로 짧은 팔다리를 가지고 있습니다. 더 이상 호리호리한 몸통과 길쭉한 팔다리를 가지고 있지 않습니다. 뼈의 생김새로 보아 네안데르탈인은 두껍고 다부진 몸통과 두껍고 짤막한 팔다리를 가지고 있었습니다. 부피에 비해 표면적을 최대한 늘려야 했던 적도 부근의 호모 에렉투스와는 달리 부피에 비해 표면적을 최소한으로 줄인 모습은 지금 북극권에서 오랫동안 살아온 사람들의 몸과 비슷합니다.

추위가 인류의 몸에 남긴 흔적은 몸통과 팔다리의 길이뿐만 아닙니다. 네안데르탈인은 코가 특별히 크고 앞으로 튀어나왔습니다. 코뿐만 아니라 뺨과 턱뼈까지 앞으로 튀어나왔습니다. 코로 숨을 쉴 때 들어온 차가운 공기가 곧장 폐로 전달되지 않고 큰 코 안에 머무는 시간을 조금 더 늘려서 조금이라도 따뜻해진 공기가 폐로 들어갈 수 있도록 한 것입

인류의 진화

추운 지방으로 이동한 고인류에게는 털옷이 필요했을 것이다.

니다. 하지만 아무리 체온 손실을 최대한 막으려고 해도 살을 에는 듯한 추위에 털 하나 없이 맨몸으로 지내기에는 한계가 있습니다. 없어진 털이 아쉬웠을지도 모르지만 털을 다시 기르지는 않았습니다. 인류는 그 대신 남의 털을 빌려서 몸에 걸치기 시작했습니다. 인류가 털옷을 입고 불을 이용해서 추위를 견뎠다는 가설은 필경 그랬을 것이라는(그 없이는 살아남을 수 없었을 것이므로) 논리적인 무장에만 의존하는 것은 아닙니다. 앞서 말한 이 역시 같은 이야기를 전해줍니다.

　오랫동안 사람과 살아온 머릿니와 사타구니 이와 달리 몸니는 훨씬 뒤늦게 등장했습니다. 몸니는 머릿니에서 갈라져 나온 이입니다. 사람의 몸에서 발견되는 몸니는 사실 몸에서 살지 않습니다. 사람의 몸에는 이가 잘 살 수 있을 만한 털이 없기 때문입니다. 대신 몸니는 사람이 입는 털옷의 털에서 살면서 사람의 피부에 쌓인 먹을 것을 가져가서 먹습니다. 그러니 사람의 몸니는 털옷이 생긴 다음에야 생겼을 것입니다. 머릿니와 몸니 계통이 언제 갈라졌는지 알 수 있다면 털옷은 적어도 그 전에 만들어졌음을 알 수 있습니다. 몸니와 머릿니의 유전체를 비교해 보니 10만 년 전에 분기한 것으로 추정되었습니다. 사실 이는 믿기 어려운 결과입니다. 인류가 빙하기에 살기 시작한 것은 200만 년 전인데 털옷을 만들기 시작한 것이 겨우 10만 년 전일 리는 없습니다.

190만 년 동안 옷이 없이 맨몸으로 추운 빙하기를 견뎌냈을까요? 몸니와 머릿니가 10만 년 전에 분기했다는 유전학 계산이 틀렸을까요? 유전학의 분기점이 크게 틀리지 않았다고 전제한다면 지금 사람의 몸니는 그렇게 오래전에 생기지 않았다는 결론을 내릴 수 있습니다. 털옷 없이 어떻게 고인류가 맨몸으로 추운 유라시아에서 살아남을 수 있었을까요?

지난 200만 년 동안 인류가 수많은 동물을 사냥했던 것은 고기를 먹기 위해서만은 아니었습니다. 먹거리만큼이나 중요했던 털과 가죽을 얻기 위해서였습니다. 네안데르탈인뿐만 아니라 그 이전의 호모 에렉투스가 자주 동물 뼈와 함께 발견되는 것도 무리는 아닙니다. 아시아를 채웠던 말이 절멸한 이유는 호모 에렉투스의 과잉 수렵 때문이라는 가설, 유라시아 매머드의 절멸을 고인류의 과잉 수렵으로 설명하는 가설

인류의 진화

은 아직도 계속 논쟁되고 있습니다. 10만 년 이전의 고인류가 털옷을 사용해서 빙하기에 적응했다면 그 고인류에 기생했던 몸니는 고인류가 절멸하면서 함께 절멸했을 수 있습니다.

털이 없는 맨몸의 인류 조상이 빙하기를 견뎌내기 위해서는 털옷과 불이 꼭 필요했을 것입니다. 사람은 언제부터 불을 자유자재로 다룰 수 있게 되었을까요? 최초로 불을 사용한 흔적을 남긴 고인류는 호모 에렉투스입니다. 동굴에서 살던 호모 에렉투스는 빙하기에 불을 사용해서 추위를 견뎌냈을 것입니다. 중국의 저우커우뎬周口店 동굴 유적에는 불 흔적이 남아 있습니다. 이때 사용된 불이 의도적으로 지핀 것인지, 우연히 생긴 불을 이용한 것인지는 아직 분명하게 밝혀지지 않았습니다. 이 무렵부터 불을 사용하면서 음식 역시 익혀 먹기 시작했을 가능성이 높습니다.

불 맞은 동물 뼈와 불 맞은 돌은 아마도 움직일 수 없이 확고한 불의 증거일 것입니다. 저우커우뎬 동굴에서는 불 맞은 동물 뼈와 돌이 곳곳에서 발견되었습니다. 저우커우뎬에서 발견된 불 사용 흔적은 사람이 주어진 환경에만 의존하던 수동적인 역할에서 벗어나 역사상 처음으로 환경을 바꾸는 역할로 들어섰다는 것을 나타냅니다. 그러나 당시의 고인류가 자연적으로 발생한 불을 이용한 것인지, 스스로 불을 피울 수 있었던 것인지에 대해서는 논란이 끊이지 않습니다. 저우커우뎬 동굴에서 '숯층'과 '재층', 불 맞은 뼈와 돌을 본 학자들은 이를 동굴 안에서 살던 고인류 호모 에렉투스가 불을 다룰 줄 알았다는 증거라고 보았습니

저우커우뎬의 재층. 저우커우뎬 유적지 곳곳에서 불의 흔적이 발견되었다.

다. 둥글게 돌을 둘러서 그 안에 피우는 불이 바깥으로 번지지 않도록 하고, 불에 고기를 구워 그 자리에는 재가 남게 되며, 이 행위를 오랫동안 되풀이하면서 숯이 쌓이게 되는 파노라마 같은 장면을 머릿속에 그릴 수 있습니다. 하지만 이 증거 하나하나가 검증되기까지 큰 노력이 필요합니다.

저우커우뎬 동굴의 '숯층'은 흙에 포함된 망간이나 철 성분으로 인해 검붉은 색으로 변색한 것이 아니라 탄소라는 것을 확인했습니다. 그렇지만 탄소가 곧 숯은 아닙니다. 저우커우뎬 동굴의 흙에 포함되어 있는 탄소는 숯에서 생긴 것이 아니라 그 아래층의 식물이 탄화된 흔적이었습니다. 만약 나무로 장작을 만들어 모닥불을 피웠다면 타고 남은 재에 서는 장작으로 쓰인 나무의 식물석phytoliths이 발견되어야 합니다. 식 물석은 식물의 세포에서 만들어진 규소 조각인데 식물이 죽은 뒤에도 남아 있습니다. 저우커우뎬 동굴의 재층에서는 식물석이 발견되지 않 았습니다. 적어도 장작을 때서 모닥불을 피운 것은 아니라는 뜻입니다. 고인류와 불이 어떤 관계를 맺고 있었는지에 대해서는 앞으로도 계속 연구가 진행되어야 할 것 같습니다.

불에서 나오는 열은 고인류가 빙하기를 살아갈 수 있게 합니다. 땀을 통한 체온 조절을 얻으면서 털을 잃은 맨몸의 고인류에게 몸을 쬘 수 있 는 불은 매우 중요했습니다. 그런데 동굴 속의 인류에게 불은 뜻하지 않 은 효과를 가져다주었습니다. 불빛은 어두운 곳에서도 활동하게 해줍 니다. 또한 야행성 동물, 특히 고인류를 잡아먹을 수 있는 맹수의 접근 을 어느 정도 막아줍니다. 불은 제2의 태양이 됩니다. 고인류는 모닥불 을 피우고 그 주위에 둘러앉아 가죽을 다듬어 털옷을 만들었을까요? 모 여 앉아 불을 쬐면서 이야기를 나누기 시작했을까요? 나누던 이야기는 지금 이곳을 벗어난 가상의 세계에 대한 이야기였을까요? 경험을 나누 면서 앞으로 겪을 수도 있는 환경의 변화에 대응할 수 있는 정보를 나눌 수 있었을까요? 우리는 이글거리는 불꽃을 보면서 정신을 뺏기는 '불 멍'의 경험을 가지고 있습니다. 불꽃이 만드는 그림자는 춤을 춥니다. 이글거리는 불꽃이 만들어 내는 춤추는 그림자를 보면서 동굴 벽에 그 림을 그리기 시작했을지도 모릅니다.

빙하기에만 불을 이용한 것은 아닙니다. 어쩌면 불은 추위를 막는 것보다 더 중요한 용도로 이용되었을 가능성이 높습니다. 먹을 것을 익히는 용도 말입니다. 불의 발견은 언어의 사용만큼 인류에게 중요한 사건입니다. 인류는 불로 음식을 익혀 먹음으로써 더 높은 칼로리의 음식을 섭취할 수 있게 되었습니다. 어둠을 밝히는 불을 통해 인류는 환경을 바꾸고 길어진 낮 시간을 가질 수 있게 되었습니다.

인류는 200만 년 전 새로운 계통인 호모속이 등장하자마자 곧 세계로 퍼져나갔습니다. 200만 년 전의 고인류는 이미 믿을 수 없을 만큼 다양한 환경에서 살아남기 시작했던 것입니다. 인류의 다채로운 적응은 고고학 자료와 화석뿐만 아니라 몸니의 유전자에도 흔적을 남겼습니다.

거인을
찾아서

인류학자 그로버 크란츠Grover Krantz는 자신의 몸을 과학에 기증한다는 유언을 남겼습니다. 단 조건이 있었습니다. 30년 전에 먼저 세상을 떠난, 사랑하는 개와 함께하겠다는 내용이었습니다. 크란츠의 몸은 어마어마한 숫자의 사체를 수집하여 사망 후 사체에 일어나는 변화를 실시간으로 연구하는 것으로 유명한 테네시 대학교에 기부되었고, 뼈만 남은 뒤에는 개와 함께 스미소니언 박물관에 전시되었습니다. 크란츠는 인류의 진화 연구에 뛰어난 업적을 남겼고 활발한 저술 활동을 했습니다. 그중에는 학자로서 위신을 떨어뜨릴 것도 아랑곳하지 않고 연구한 주제도 있습니다. 바로 빅풋Big Foot 연구입니다. 그는 아메리카 대륙에서 전설적인 거인인 빅풋이 실제로 존재한다고 믿고 연구했으며 다섯 편의 책까지 냈습니다. 크란츠처럼 거인의 존재를 과학적인 주제로 인정한 인류학자는 드뭅니다.

거인은 수많은 신화와 설화에 등장합니다. 유대교와 기독교 성경에 등장하는 골리앗과 골리앗이 속해 있던 네피림족은 스칸디나비아, 로마, 그리스 신화에 등장하는 무수한 거인의 하나에 불과합니다. 20세기까지도 히말라야의 설인인 예티Yeti, 아메리카 대륙의 빅풋과 사스콰치Sasquatch에 대한 신화가 계속되었습니다. 이들이 신화가 아닌 실제로 존재한다고 믿는 사람 중에는 거인을 찾아 길을 떠난 사람도 있습니다.

저 역시 인류 진화에 대한 강연 끝에 마련된 질의 응답 시간에 뜻밖에도 거인족에 대한 질문을 받는 경우가 종종 있습니다. 거인족이 정말 있었는지, 있었다면 인류의 진화에서 어떤 위치를 차지하는지 궁금해합니다. 거인족이 실재했다는 증거로 거인족 인골을 발굴하는 장면이라며 사진을 보내는 사람도 간혹 있습니다. 거인족은 고인류학 역사에서 오래된 주제입니다. 고인류학자 프란츠 바이덴라이히Franz Weidenreich는 『유인원, 거인, 인간Apes, Giants, and Man』(1946)이라는 강연집에서 거인에 대해서 이야기합니다. 바이덴라이히는 기간토피테쿠스Gigantopithecus라는 거대한 유인원 화석종에서 메간트로푸스Meganthropus라는 거대한 고인류 화석종으로 이어지는 큰 몸집의 계통이 사람으로 이어진다고 생각했습니다.

기간토피테쿠스는 영화로도 만들어진 소설 『정글북The Jungle Book』(1894)에 등장하는 거대한 유인원 화석종입니다. 2016년에 리메이크된

인류의 진화

기간토피테쿠스 블래키의 과거 추정 몸집.

영화 〈정글북〉에서는 오랑우탄의 모습으로 기간토피테쿠스를 그려냈는데 얼추 말이 되는 추정입니다. 기간토피테쿠스의 가장 가까운 현생 친척이 오랑우탄이기 때문입니다. 다만 『정글북』에 등장하는 기간토피테쿠스인 루이는 사람(주인공 모글리)의 2배가 넘는 커다란 몸집을 가지고 있습니다. 현생 오랑우탄과도 차원이 다른 크기입니다. 실제로 현재 학계에서 기간토피테쿠스는 6500만 년 영장류 진화의 역사 속에서 가장 큰 몸집을 가진 종으로 추정되고 있습니다. 고릴라의 2배가 넘는 크기였을 것으로 보고 있습니다. 어떻게 이런 추정이 가능했을까요?

사실 기간토피테쿠스의 화석으로 남아 있는 것은 이빨과 턱뼈뿐입니다. 기간토피테쿠스의 이빨은 20세기 초 중국의 약재상에서 용뼈로

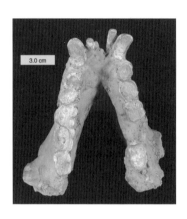

기간토피테쿠스 블래키의 턱뼈.

팔릴 만큼 중국 남부 지역에서 어렵지 않게 볼 수 있는 이빨이었습니다. 그런데 당시 중국인들이 이 '용뼈'가 유인원의 화석이라는 것을 모른 채 실제 용뼈라고 믿고 팔았던 것은 아닙니다. 동물의 이빨은 종마다 독특하게 생겼기 때문에 유인원의 이빨도 비교적 쉽게 그 종을 알아볼 수 있기 때문입니다. 비교해부학에 대해서 조금이라도 알고 있다면 어렵지 않게 알아볼 수 있습니다. 20세기 초 아시아 기원론의 유행으로 학자들이 인류의 기원을 찾아 중국으로 몰려오자 용뼈 역시 주목받기 시작했습니다. 독일의 고생물학자 구스타프 폰 쾨니히스발트Gustav Heinrich Ralph Von Königswald도 그렇게 용뼈를 찾아다닌 사람입니다. 한 약재상에서 거래되고 있던 엄청난 크기의 '용이빨'을 보고 범상치 않은 유인원의 이빨임을 확인한 쾨니히스발트는 기간토피테쿠스 블래키Gigantopithecus blacki라는 이름을 붙였습니다. 기간토피테쿠스에서

인류의 진화

'기간토giganto'는 '거대한'이라는 뜻이고 '피테pithe'는 '유인원'이라는 뜻입니다. '블래키blacki'는 쾨니히스발트가 기간토피테쿠스의 어금니를 약재상에서 발견하기 얼마 전에 과로로 사망한 캐나다의 고인류학자 데이비드슨 블랙Davidson Black의 이름에서 따왔습니다.

쾨니히스발트는 기간토피테쿠스의 어금니 크기와 턱뼈 크기만으로 생전 그의 몸집이 어마어마했을 것으로 추정했습니다. 어금니의 크기로 전체 몸집을 추정하는 일은 완전히 허무맹랑한 시도는 아닙니다. 이빨과 턱뼈의 크기만 가지고 몸집 전체의 크기를 어느 정도는 알 수 있습니다. 특히 어금니의 면적은 그 종이 먹는 양과 어느 정도의 상관관계를 가지고 있습니다. 앞니는 먹거리를 한입에 넣을 정도로 알맞은 크기로 자르는 일을 맡고, 어금니는 한입 크기의 먹거리를 잘게 부수는 일을 맡습니다. 몸집이 크면 더 많이 먹어야 하고 그러려면 어금니가 더 많은 먹거리를 처리해야 합니다. 적어도 영장류만 놓고 보았을 때 어금니가 서로 맞물리는 면의 넓이와 몸집 크기는 비례합니다. 많이 먹는 종은 어금니 면적이 넓고 몸집도 큽니다. 적게 먹는 종은 어금니가 작고 몸집도 작습니다. 이러한 비례 관계는 현존하는 많은 동물의 평균치를 통해서 대략적으로 확인할 수 있습니다.

학자들은 고릴라의 어금니보다 1.5배에서 2배가량 큰 기간토피테쿠스의 어금니를 보고 기간토피테쿠스의 몸집 역시 고릴라의 1.5배에서 2배가 될 것으로 추정했습니다. 현존하는 고릴라 수컷의 몸무게가 180킬로그램 정도이므로 기간토피테쿠스의 몸무게는 270킬로그램에서 360

킬로그램 사이일 것으로 추정할 수 있습니다. 엄청난 크기입니다.

기간토피테쿠스를 발견한 쾨니히스발트는 화석 발견에 천운을 타고난 사람 중 하나임이 틀림없습니다. 그는 기간토피테쿠스가 발견된 1935년과 비슷한 시기인 1937년에 인도네시아 자바에서 '거대한 턱뼈'를 발견했습니다. 고릴라의 턱뼈와 비슷한 크기에 훨씬 더 두꺼웠지만 이빨의 모습을 보면 분명히 인류 계통이었습니다. 쾨니히스발트는 거대한 턱뼈를 가지고 있는 고인류 화석종에 메간트로푸스 팔레오자바니쿠스*Meganthropus palaeojavanicus*라는 새로운 이름을 붙여서 발표했습니다. 메간트로푸스에서 '메가mega'는 '큰'이라는 뜻이고 '안트로anthro'는 '사람'이라는 뜻입니다. 1930년대 후반에 앞서거니 뒤서거니 하면서 발견된 거인의 흔적은 쾨니히스발트의 동료 바이덴라이히로 하여금 기간토피테쿠스에서 메간트로푸스를 거쳐 사람으로 진화했다는 생각을 내놓게 했습니다. 사람을 거인의 후손으로 본 셈입니다. 바이덴라이히는 이 생각을 『유인원, 거인, 인간』에서 펼친 것입니다.

하지만 기간토피테쿠스나 메간트로푸스의 몸집에 대해 검증할 결정적인 자료는 없었습니다. 턱뼈가 고릴라와 비슷한 크기라면 몸집도 고릴라와 비슷한 크기였을까요? 어금니가 고릴라와 비슷한 크기라면 몸집도 고릴라와 비슷한 크기였을까요? 어금니나 턱뼈의 크기로 전체 몸집의 크기를 추정하는 것은 어디까지나 추정일 뿐 이를 입증하기 위해서는 다른 자료가 필요합니다. 어금니와 턱뼈 이외의 다른 자료 말입니다. 예를 들어 체중을 받치는 넓다리뼈가 발견되어 어금니뿐 아니라

파란트로푸스 보이세이 복원도. 풀을 소화하기 위해 어금니와 턱이 발달했다.

넙다리뼈의 크기를 통해서도 큰 몸집이 추정된다면 더할 나위가 없습니다.

당시 중국 남부에서는 무기질이 풍부한 석회암 지대를 농경지로 많이 썼습니다. 근처에는 석회암 동굴이 뻗어 있었습니다. 밭을 갈기 위해 땅을 뒤집어엎으면 그 속에서 기간토피테쿠스의 이빨이 수십 점, 수백 점 나오기도 했습니다. 기간토피테쿠스의 화석을 발견했다는 내용의 논문은 지금까지도 계속해서 발표되고 있지만 아직도 이빨 외에는 턱뼈 세 점밖에 발견되지 않았습니다. 이빨은 수천 점이 발견되었지만 다른 부위의 뼈는 없습니다. 기간토피테쿠스의 거대한 몸집을 입증할 수 있는 뼈는 아직 발견되지 않은 것입니다. 메간트로푸스 역시 이빨과 턱뼈 외에는 다른 뼈가 발견되지 않았습니다.

기간토피테쿠스나 메간트로푸스의 몸집 크기를 알려줄 자료가 발견되지는 않았지만 흥미로운 비교를 해볼 수 있는 고인류 화석이 있습니다. 고인류 화석종 중에 고릴라의 어금니와 맞먹을 정도로 어마어마하게 큰 턱뼈와 이빨을 가지고 있는 고인류 화석종이 있습니다. 바로 파란트로푸스 에티오피쿠스와 파란트로푸스 보이세이입니다. 파란트로푸스 에티오피쿠스와 파란트로푸스 보이세이의 특징은 막강한 저작근, 소위 '씹는 근육'에 있습니다. 저작근은 턱관절의 운동을 담당하는 근육입니다.

파란트로푸스 에티오피쿠스와 파란트로푸스 보이세이는 사람 어금니보다 몇 배나 더 큰 어금니를 가지고 있습니다. 고릴라 어금니 크기와 비슷하거나 심지어 더 크기도 합니다. 파란트로푸스의 큰 어금니와 깊은 턱뼈는 많이 씹어야 하는 먹거리에 적응했음을 알려줍니다. 무거운 턱뼈를 움직여서 어금니를 강하게 맞물리게 해서 씹어 먹으려면 강한 저작근이 필요합니다. 관자놀이에 손가락을 대고 어금니를 맞물려서 씹으면 근육이 움직이는 것을 느낄 수 있는데 바로 저작근입니다. 두껍고 강한 저작근이 지나가는 뼈는 관자뼈입니다. 파란트로푸스의 관자뼈는 크게 옆으로 튀어나왔고, 그 안을 지나는 저작근은 엄청나게 컸을 뿐 아니라 옆머리를 덮고 머리 꼭대기까지 연결되었을 정도로 크고 강한 근육이었습니다.

파란트로푸스 에티오피쿠스와 파란트로푸스 보이세이의 몸집 크기에 대해서는 잘 알려져 있습니다. 두개골을 비롯하여 팔다리뼈, 몸통뼈까지 골고루 발견되었기 때문입니다. 이들은 고릴라와 비슷한 크기의 어금니와 막강한 저작근을 가지고 있었지만 몸집 크기는 고릴라와 비

인류의 진화

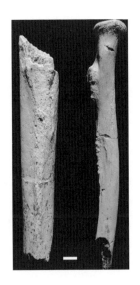

탄자니아 올두바이 협곡에서 발견된 파란트로푸스 보이세이의 넙다리뼈와 아래팔 바깥쪽 뼈. 파란트로푸스의 몸집은 어금니로 추정한 것보다 훨씬 작은 것으로 밝혀졌다. 막대 눈금은 1센티미터.

숫하지 않습니다. 두 발 걷기를 하는 인류는 팔뼈의 크기를 가지고 몸집을 추정하기 힘듭니다. 팔뼈로 체중을 지탱하지 않기 때문입니다. 그래서 팔뼈보다는 체중을 받는 다리뼈로 몸집을 추정하는 편이 정확합니다. 파란트로푸스의 다리뼈를 분석한 결과 1미터가 채 되지 않는 몸집이었습니다. 여타 오스트랄로피테쿠스와 크게 차이 나지 않는 몸집입니다. 현생인류로 치자면 6~7세 유치원생 정도의 키입니다.

파란트로푸스는 고릴라 어금니보다 큰 어금니를 가지고 있었지만 고릴라 몸집의 4분의 1도 채 되지 않는 작은 몸집을 가지고 있었습니다. 달리 말하면 파란트로푸스는 고릴라가 씹었던 만큼 씹어서 겨우 4분의

1 크기의 몸집을 유지했다는 뜻입니다. 고릴라가 먹었던 것보다 훨씬 더 낮은 칼로리의 먹거리를 훨씬 더 많이 먹어야 했고, 먹은 영양분의 많은 부분을 비싼 장기인 두뇌를 키우고 유지하는 데 쓰느라 몸집으로 돌아가는 영양분이 적었다는 뜻일 수도 있습니다.

파란트로푸스의 큰 어금니는 큰 몸집을 보여주는 자료가 아니라 어쩌면 척박했던 환경을 보여주는 자료인 셈입니다. 고릴라 어금니의 2배 크기라고 해서 반드시 고릴라 몸집의 2배라는 관계는 성립하지 않습니다. 그렇다면 기간토피테쿠스와 메간트로푸스도 거인이 아닐 수 있을까요? 기간토피테쿠스의 큰 어금니 역시 고릴라보다 큰 몸집을 나타내는 것이 아니라 고릴라보다 훨씬 더 척박한 먹거리를 많이 먹어야 했음을 나타내는 것일지도 모릅니다.

기간토피테쿠스가 영양이 부실했다는 놀라운 내용은 진즉 발표된 바가 있습니다. 영미권에 잘 알려지지 않았을 뿐입니다. 중국의 고인류학자 장인윈張銀运은 1987년에 기간토피테쿠스의 앞니를 조사한 결과 상당수가 법랑질 형성 부전enamel hypoplasia을 보인다고 발표했습니다. 영장류는 자랄 때 치아도 만들어집니다. 성장기에 영양이 부족하면 치아도 제대로 만들어지지 않습니다. 부족한 영양 때문에 치아의 법랑질(에나멜질)이 만들어지다 말다 하면서 법랑질에 가로로 줄이 생기게 됩니다. 이 줄은 한번 만들어진 다음에는 없어지지 않기 때문에 성장기 동안 겪었을 영양부족을 알려주는 좋은 지표입니다. 어른 인골의 앞니에 법랑질 형성 부전을 나타내는 금을 관찰할 수 있다면 그 사람은 자랄 때

극심한 영양부족을 겪었다고 이해할 수 있습니다.

법랑질이 제대로 만들어지지 않은 기간토피테쿠스는 자랄 때 먹거리가 부족했을 것입니다. 고릴라만큼 많이 먹어야 하는 기간토피테쿠스는 그 먹거리를 구비하지 못하는 경우가 많았다는 뜻입니다. 그렇다면 기간토피테쿠스는 고릴라만큼의 몸집을 가지고 있었던 것이 아니라 단지 영양이 부족하고 열악한 먹거리를 많이 먹어야 했던 것뿐일지도 모릅니다.

기간토피테쿠스와 비교하면 터무니없이 작지만 현생인류보다 크기 때문에 기간토피테쿠스와 함께 거인족 후보로 꼽혔던 메간트로푸스 또한, 실제로는 몸집이 작지만 많이 먹어야 하는 종이었을까요? 호모 에렉투스 화석 자료가 쌓이면서 메간트로푸스의 턱뼈나 어금니가 호모 에렉투스에 비해 그다지 큰 편이 아니라는 것이 밝혀졌습니다. 결국 호모 에렉투스로 편입되었습니다. 앞으로 메간트로푸스, 아니 호모 에렉투스 앞니의 법랑질 형성 부전 상태를 조사한 연구가 나오기를 기대해 봅니다.

결국 고인류 역사에 몸집이 큰 거인족이 있었다는 증거는 없습니다. 단 현생인류의 어금니보다 더 큰 어금니를 가지고 있던 화석종은 있습니다. 이들의 큰 어금니는 큰 몸집을 나타내는 것이 아니라 척박한 환경의 징표일 가능성이 있습니다. 훨씬 더 많은 양의 먹거리를 먹고서도 그다지 크지 않은 몸집을 가졌다는 것은 그만큼 먹거리의 질이 낮았음을 말해줍니다. 척박해져 가는 환경에서 고인류는 나무껍질이라도 먹으면서 살았습니다. 나무껍질도 훌륭히 먹어내는 파란트로푸스속과 먹거리 경쟁을 할 수 없었던 호모속은 파란트로푸스속과 경쟁하지 않아도 되는 동물성 먹거리에 운명을 걸었습니다. 높은 열량을 섭취하게 된 호모속은 키가 100센티미터 전후였던 오스트랄로피테쿠스속이나 파란트로푸스속과 달리 180센티미터도 쉽게 볼 수 있는 계통이 되었습니다. 100센티미터의 단신 파란트로푸스속에게 180센티미터의 장신 호모 에렉투스는 거인으로 보였겠지요? 하지만 평균적으로 그보다 더 큰 인류 계통은 없었습니다.

크란츠는 자신에 대한 세상의 평가에 아랑곳하지 않고 빅풋을 탐구했습니다. 거인을 찾아 길을 떠난 사람들로 하여금 무엇이 그들에게 '거인'을 상상하게 만들었을까요? 고인류의 거대한 발자국 화석일 수도 있고, 유인원의 것과 닮은 고인류의 이빨 화석일 수도 있습니다. 그들은 '거인'의 흔적을 보며 인류의 수호자 혹은 적대자로서의 존재를 떠올렸을지도 모릅니다. 그러나 오늘날의 고인류학은 그런 흔적들이 미지의 타자의 것이 아니라 현생인류에게로 이어지는 고인류의 것임을 밝혀내고 있습니다. 혹독한 환경에 맞서 살아남고자 했던 고인류의 '적응'과 '진화'의 산물인 '거인의 진화'는 오늘날 우리 자신에게도 이어집니다. 2022년에 출판된 『사스콰치를 찾아서The Search for Sasquatch』는 바로 거인을 찾는 이야기를 다룬 어린이 과학책입니다. 그리고 지은이 로라 크란츠Laura Krantz는 그로버 크란츠의 친척입니다. 거인을 찾는 현생인류의 여정은 여전히 계속되고 있습니다.

고기
말고

창과 칼을 든 고인류 몇 명이 큰 몸집의 사냥감을 에워싸고 소리를 지르면서 짐승을 죽입니다. 죽은 짐승의 가죽을 벗기고 내장과 고기를 저며내서 나누어 먹은 후 집으로 싸 들고 와 기다리고 있던 가족들에게 먹입니다. 눈에 익숙한 장면입니다. 사냥은 두 발 걷기, 도구의 제작과 사용, 어마어마한 두뇌 용량이라는 인류의 특징을 하나로 어우를 수 있는 적응이었습니다. 두 발로 걷게 되면서 두 손이 자유로워졌습니다. 자유로워진 두 손으로 도구를 만들고 쓸 수 있게 되었습니다. 도구는 짐승을 잡고 처리하는 데 쓰였습니다. 이렇게 해서 얻어진 동물성 단백질과 지방 덕분에 두뇌가 커질 수 있었습니다. 그리고 큰 두뇌에서 비롯한 높은 지능 덕분에 인류가 성공적인 사냥꾼으로 진화할 수 있었다는 것입니다. 순환적인 이 가설에 사냥 가설Hunting Hypothesis이라는 이름이 붙여지고 사냥 및 육식은 인류 진화에서 가장 중요한 적응으로 부각되면서 같은 제목의 대중 교양서 또한 인기를 끌었습니다. 그런가 하면 '사냥꾼 사람Man the Hunter'이라는 이름으로 심포지엄이 열리고 같은 제목으로 책이 나와 고인류학사에서 지대한 영향을 끼치기도 했지요.

물론 앞에서 이야기했듯이 두 발 걷기와 사냥은 인류의 진화사에서 한 무대에 동시에 등장하지는 않았습니다. 두 발 걷기는 사람의 다른 어떤 특징보다도 훨씬 더 일찍 등장했으니까요. 330만 년 전 오스트랄로피테쿠스 아파렌시스를 비롯하여 초기 고인류는 두 발로 걸었지만 두 발 걷기 외에는 인류의 특징을 갖추지 않았다는 가설이 주류입니다. 그렇다면 사냥과 육식은 언제 인류사에 등장했을까요? 고인류의 역사에서 동물성 먹거리가 등장한 시점을 알리는 자료는 약 260만 년 전 오스트랄로피테쿠스 가르히 화석종과 함께 발견된 동물 뼈에 남아 있는 칼날 자국입니다. 하지만 이때의 고인류는 그다지 크지 않은 머리를 가지고 있었으며, 돌을 깨서 날을 세운 찍개는 살아 있는 짐승을 잡는 사냥 도구라기보다는 사체 처리에 쓰였습니다. 상위 포식자가 한 차례 먹고 난 다음 하이에나와 같은 사체 처리반과 경쟁하여 두꺼운 뼈를 깨고 그 안에 있는 골수 혹은 두뇌를 먹은 것입니다. 돌로 만든 최초의 도구는 살아 있는 짐승을 잡는 것이 아니라 이미 죽어 있는 짐승의 사체를 처리하기 위한 도구였습니다.

살아 움직이는, 전력으로 도망치는 동물을 잡는 사냥은 200만 년 전

인류의 진화

호모 에렉투스부터 시작되었다고 추정됩니다. 고인류는 약 500만 년 전에 기원하여 300여만 년 동안 줄곧 아프리카에서만 살았습니다. 그런 고인류가 약 200만 년 전에 유라시아로 퍼져나갔습니다. 어째서였을까요? 기후가 변하면서 몸집이 큰 짐승들이 아프리카를 떠나 유라시아로 옮겨 갔고, 이들을 사냥감으로 삼던 고인류 역시 유라시아로 쫓아 퍼져 갔다는 것이 정설입니다. 이때 고인류 호모 에렉투스의 사냥 도구는 아슐리안 주먹도끼였습니다.

살아 있는 짐승을 잡아서 고기를 저몄는지, 죽어 있는 짐승의 사체에서 뼈를 깨고 골수를 파 먹었는지는 뼈에 남아 있는 돌날의 흔적을 보면 알 수 있습니다. 돌날의 흔적은 V자 모양으로 끝이 뾰족하지만 짐승의 이빨 자국은 U자 모양으로 끝이 둥급니다. 그래서 뼈에 남아 있는 흔적을 자세히 보면 그것이 돌날의 흔적인지 이빨의 흔적인지 알아볼 수 있습니다. 고인류가 돌로 만든 도구로 뼈를 손질한 흔적과 짐승이 이빨로 뼈를 갉아 먹은 흔적이 함께 발견되는 경우에는 순서에 주목해야 합니다. 현미경으로 보면 뼈에 남아 있는 두 흔적 중 어떤 것이 먼저 새겨진 것인지 확인할 수 있습니다. 짐승 이빨의 흔적 위에 돌날의 흔적이 남아 있는 경우는 맹수가 한번 먹고 난 사체를 고인류가 뒤늦게 접수했다는 뜻입니다. 그럴 경우 고기나 내장을 취했을 가능성보다는 뼈를 깨서 1차 포식자들이 접근할 수 없었던 골수를 먹었을 가능성이 높습니다. 반대로 돌날의 흔적 위에 짐승 이빨의 흔적이 남아 있는 경우는 어떨까요? 그것은 돌로 만든 도구로 직접 사냥해서 고기와 기타 내장을 먼저 처리한 다음에 하이에나와 같은 2차 포식자가 왔다는 뜻입니다. 호모 에렉투스의 아슐리안 주먹도끼는 사냥하고 고기를 저미는 데 이용되었고 호모 에렉투스는 상위 포식자로서 뛰어난 사냥 기술을 보유한 것으로 알려졌습니다.

호모 에렉투스부터 비롯된 고인류의 고기 사랑을 보여주는 화석 뼈가 있습니다. KNM-ER 1808은 1974년 케냐에서 발굴된 약 170만 년 전 고인류 호모 에렉투스의 화석입니다. 골반뼈의 생김새로 보아 여자라고 추정하고 남아 있는 다리뼈의 길이와 두께를 통해 키 173센티미터, 몸무게 50~60킬로그램의 성인이었다고 추정합니다. 다 큰 성인이라도 100센티미터 정도에 불과했던 루시와 같은 오스트랄로피테쿠스속보다 키가 훌쩍 커진 셈입니다. 그런데 다리뼈 조각에는 염증의 흔적이 있습니다. 고인류학자 앨런 워커Alan Walker는 고인류 화석 뼈에서 보이는 염증의 원인이 비타민 A가 축적된 육식동물의 간을 너무 많이 섭취하여 생긴 비타민 A 과다증이라고 발표했습니다. 간 등 내장은 최상위 포식자만이 먹을 수 있는 부위입니다. 이 추정이 사실이라면 생태계에서 다른 맹수가 먹고 남긴 사체에서 겨우 골수를 먹는 2차 포식자였던 고인류가 최상위 포식자에게만 허락된 부위를 먹게 되었을 뿐만 아니라 넘치도록 많이 먹을 수도 있게 된 것입니다. 인류 진화사에서 실로 기록적인 지점이 됩니다.

고인류가 고기를 즐겨 먹음으로써 몸과 머리가 커졌고, 최상위 사냥꾼이 될 수 있었으며, 먹잇감을 쫓아 아프리카에서 유라시아로 퍼져나갔다는 이른바 '사냥 가설'은 수십 년 동안 인류의 진화를 설명하는 유력한 가설 중 하나로 자리 잡고 있었습니다. 그런데 근래에 이 가설이 조금씩 무너지고 있습니다.

화석 자료를 살펴보았을 때, 호모 에렉투스가 등장하는 시기와 맞물려 돌날 흔적이 새겨진 동물 뼈 또한 증가합니다. 이는 그동안 호모 에렉투스가 뛰어난 사냥꾼이었다는 가설의 근거가 되었습니다. 그런데 2022년에 브리아나 포비너Briana Pobiner가 이끄는 스미소니언 박물관의 연구팀은 호모 에렉투스가 등장한 이후 돌날 흔적이 남겨진 동물 뼈가 증가했지만 그 이전의 연구에서는 호모 에렉투스 이전의 고인류와 함께 발견되는 동물 뼈를 그다지 조사하지 않았다는 사실을 밝혔습니다. 그 이전의 고인류와 함께 발견되는 동물 뼈 자체가 그렇게 많지 않았기 때문일까요? 그게 아니라 동물 뼈 화석이 있어도 돌날 흔적을 분석하지 않았던 것입니다.

진화 과정에서 고인류의 두뇌 용량은 계속 늘어났기 때문에, 만약 동물성 먹거리와 두뇌 용량 증가 사이에 상관관계가 있다면 돌날 흔적이 있는 동물 뼈가 계속 늘어났어야 합니다. 그렇지만 호모 에렉투스 이후에 돌날 흔적이 남겨진 동물 뼈가 계속 증가하지도 않았습니다. 저우커우덴에서 호모 에렉투스의 화석과 함께 발견된 동물 뼈에는 짐승 이빨의 흔적이 난 다음에 고인류의 돌날 흔적이 새겨져 있었습니다. 뛰어난 사냥꾼이 되었지만 여전히 다른 짐승이 먹고 지나간 찌꺼기도 먹었다는 뜻입니다. 이는 사냥이라는 새로운 기술이 기존의 기술을 대체하는 것이 아니라 그 위에 더해졌다는 것을 의미합니다.

호모 에렉투스가 뛰어난 사냥꾼으로서 점차 발달한 사냥 기술로 고기를 얻은 것이 아니라면, 두뇌가 커지면서 필요로 하는 고열량의 먹거리는 어디에서 왔을까요? 고인류학자 줄리 레스닉Julie Lesnik은 이에 대한 기발한 해답으로 곤충식을 제시합니다. 인류가 곤충식을 통해 고칼로리를 확보했다는 주장입니다. 충분히 일리가 있습니다. 곤충을 먹는다고 하면 역겨움과 혐오감을 느낄 수도 있습니다. 다른 '제대로 된' 먹거리가 없었기 때문에 기근에 나무껍질을 먹는 것처럼 어쩔 수 없이 곤충을 먹었다고 생각할 수도 있겠습니다. 그러나 둘 다 지극히 유럽 중심적인 생각입니다. 우리나라 문화에서도 불과 수 세대 전까지 메뚜기를 잡아먹는 것은 평범한 일이었습니다. 지금도 곤충식을 하는 문화권이 적지 않습니다. 이들은 다른 먹거리가 없어서 '어쩔 수 없이' 곤충을 먹는 것이 아니라 일상적인 먹거리의 하나로 곤충을 먹습니다.

곤충식을 일상의 식생활로 여기는 문화권은 주로 열대 지역에 분포합니다. 사실 인류 진화사에서 대부분의 기간 동안 인류는 열대 지역에서 살아왔습니다. 그렇다면 이들의 식생활에서 곤충식이 먹거리의 적지 않은 부분을 차지했을 가능성도 배제할 수 없습니다. 열대의 환경이 주는 다양한 생물을 골고루 섭취하는 열대 지역에서 곤충은 다양한 먹거리의 일부일 뿐입니다. 열대에서 멀어지면서 생태계의 다양성이 줄고 먹거리의 종류 역시 감소합니다. 곤충식에 대해 역겨움이나 혐오감을 드러내는 것은 어쩌면 열대 지역의 문화에 대한 혐오감을 가진 유럽 중심주의의 소산이 아닐까요?

앞서 언급했던 ER 1808의 비타민 A 과다증이 몸집이 큰 동물의 간을 너무 많이 먹어서 온 것이 아니라 벌집bee brood을 너무 많이 먹어서 얻었다는 주장을 살펴볼 필요가 있습니다. 이는 역설적으로 고인류에게 곤충을 비롯한 다양한 단백질원을 고려해야 한다는 것을 시사합니다. 그렇다면 곤충을 잡아먹기 위해 사용한 도구 등이 남아 있지 않은 것은 왜일까요? 나뭇가지로 도구를 만들었을 가능성이 크기 때문입니다. 가령 침팬지는 지금도 나뭇가지를 이용해서 흰개미를 잡아먹습니다. 어른 침팬지보다 큰 두뇌를 가지고 있는 고인류 역시 나뭇가지를 이용해서 곤충을 먹었을 가능성이 높습니다. 인류의 진화에서 곤충식의 중요성을 역설한 레스닉은 파란트로푸스 보이세이 등 200만 년 전후 호모 에렉투스와 같은 시기에 동아프리카에서 살았던 초기 고인류 화석의 유적에서 흰개미집 둔덕을 보고 영감을 받았다고 합니다.

만약 초기 고인류가 곤충식에 의존했다면 몇 가지 설명되는 현상이 있습니다. 파란트로푸스 보이세이에서도 역시 두뇌 용량의 증가가 보인다는 점입니다. 파란트로푸스 보이세이는 더 이상 후손을 남기지 않고 사라져 버린, 인류 진화의 '곁가지' 혹은 '막다른 골목'이라는 생각이 주류였습니다. 보이세이는 호모속과는 달리 두뇌 용량도 작은 채로 머물고 도구도 만들지 않았다고 생각되었습니다. 그런데 고인류 화석 자료가 축적되면서 보이세이 역시 두뇌 용량이 증가했다는 사실이 밝혀졌습니다.

한편으로는 큰 두뇌 용량을 가지고 있는 것으로 알려졌던 호모 에렉투스에게도 작은 두뇌가 있었다는 사실이 밝혀졌습니다. 그렇게 작은 두뇌의 호모 에렉투스와 함께 발견된 것은 고도의 지능을 갖추어야만 만들 수 있다고 여겨졌던 아슐리안 손도끼였습니다. 도구를 만들려면 반드시 큰 두뇌가 필요한 것은 아니었고, 고칼로리 섭취는 반드시 동물성 고기로만 가능한 것은 아니었습니다. 파란트로푸스 보이세이도 두뇌 용량이 커졌고, 호모 에렉투스에게도 작은 두뇌가 보였습니다.

인류의 진화 역사에서 호모 에렉투스보다 나중에 등장하는 네안데르탈인은 분명히 상위 포식자였습니다. 네안데르탈인은 동물 사냥에 최적화된 고인류 집단으로 알려져 있습니다. 그들의 몸은 추운 빙하기에 바깥에서 활동할 수 있도록 적응했습니다. 또한 네안데르탈인이 하이에나에 버금갈 만큼 육식을 즐겨 했다는 가설이 정설로 자리 잡았을 정도로 네안데르탈인의 고기 사랑은 잘 알려져 있습니다. 이러한 고기 사랑은 그들이 남긴 사냥 도구, 가죽 다듬는 도구 등의 고고학 유물에서도 드러납니다. 그들은 사냥 도구를 써서 많은 짐승을 잡아 도축했으며, 가죽옷을 만들어 추운 겨울을 견뎠습니다. 가죽을 처리할 때 앞니로 잘근잘근 씹어서 부드럽게 만들어 썼기 때문에 그들의 앞니에는 특이하게 닳은 흔적이 남아 있습니다. 가죽을 다듬을 때 쓰는 도구는 짐승 뼈로 만들었습니다. 네안데르탈인은 먹거리뿐만 아니라 생활의 여러 면에서 짐승에게 의지했던 것입니다. 고기 사랑으로 유명한 네안데르탈인을 비롯하여 비슷한 시기의 유라시아 고인류 집단에게 외이도골종이 높은 비율로 나타난다는 것이 드러났습니다. 귀뼈에 생기는 종양인 외이도 골종은 잠수 어로 생활을 많이 하는 집단에서 자주 보이는 병리 현상입니다.

이 최근의 연구 성과들이 시사하는 점은 무엇일까요? 두 발 걷기, 두뇌 용량, 사냥 도구의 제작과 사용이 패키지를 이룬 '사냥 가설'은 그 자체로 뛰어난 논리적 정합성을 갖춘 것처럼 보였으며 20세기까지 주류 가설로 통용되고 있었습니다. 그런데 거기에서 '두 발 걷기'가 떨어져 나가고 이제는 두뇌 용량과 사냥, 도구 제작 간의 연결고리조차 끊어지려고 하고 있습니다. 동물성 먹거리를 얻기 위해서는 고기를 얻을 수 있는 큰 짐승을 사냥할 수밖에 없다는 기존의 공식에서 벗어나게 되면서 또 다른 시각이 생기고 있습니다. 동물성 먹거리를 얻기 위한 행동으로서 사냥이 남성의 전유물이었고 여성은 채집을 통해 식물성 먹거리를 확보했다는 경제 분업 가설이 와해되기 시작한 것입니다. 동물성 먹거리의 확보가 남성의 전유물이 아니었다면 사실상 이러한 분업은 존재하지 않았을 가능성이 높습니다. 곤충 등 다양한 동물성 먹거리와 씨앗, 구근류, 해산물 등으로 고칼로리 고단백질의 먹거리 섭취가 가능해지면서 두뇌는 점차 커졌습니다. 그리고 이것은 호모 에렉투스만이 아니라 약 200만 년 전에 살았던 모든 고인류가 공통적으로 겪은 진화입니다. 어른 침팬지보다 큰 머리를 가지고 있는 고인류가 서로 살아가는 방식을 보고 따라 했을 광경을 머릿속에 그려봅니다.

불맛을
한번 보면

음식에도 유행이 있습니다. 제가 사는 미국 캘리포니아에서는 언제부터인지 생식raw food 운동이 유행하고 있습니다. 누구나가 생식을 한다고 할 정도로 널리 퍼진 것은 아니지만, 나름 '쿨'하고 '힙'한 사람들이 한다는 이미지가 있어서 유행이 쉽게 끝날 것 같지도 않습니다. 요즘은 생식 레스토랑도 어렵지 않게 찾아볼 수 있습니다.

생식 운동이란 재료에 불을 대지 않고 만든 음식만 먹자는 것입니다. 쉽게 생각할 수 있는 음식은 다양한 채소, 곡류, 과일을 갈아서 만든 스무디입니다. 그 외에도 끼니를 채우는 메인 요리로 생채소, 생쌀, 생선회, 육회, 날달걀 등이 있습니다. 생식을 권장하는 사람들에 의하면, 생식을 하면 몸이 가뿐해지고 생각이 맑아진다고 합니다. 생식을 하는 사람들은 일반적으로 특별한 것처럼 보입니다. 현대사회에서 대부분의 사람들은 주로 음식을 익혀 먹는 화식을 하기 때문입니다. 화식에 익숙한 만큼 생식은 유별난 것으로 보일 수밖에 없습니다. 그렇지만 인류의 진화 역사를 볼 때 생식은 그다지 놀라운 일이 아닙니다. 인류는 항상 화식을 해온 것이 아니기 때문입니다.

인류가 불을 마음대로 다루게 되면서 음식을 익혀 먹는 것이 당연한 일이 되었습니다. 음식을 익혀 먹는 동물은 물론 사람뿐입니다. 그렇지만 알고 보면 사람뿐만 아니라 모든 동물이 익힌 음식을 더 좋아합니다. 집에서 기르는 개에게 날음식 대신에 익힌 음식을 먹이면 살이 쉽게 찌는 것을 볼 수 있습니다. 그러나 아무리 익힌 음식이 더 좋다고 해도 다른 동물은 자유롭게 화식을 할 수 없습니다. 자유롭게 불을 쓸 수 없기 때문입니다. 불을 이용해서 음식을 익혀 먹을 수 있는 것은 오직 사람뿐입니다.

화식은 영양학적으로 보았을 때 그야말로 대혁명이었습니다. 같은 양의 음식을 먹어도 익혀 먹으면 더 많은 영양분을 흡수할 수 있습니다. 익힌 음식은 날음식보다 영양적으로 더 우수합니다. 소화기관을 모두 거친 후 나온 배설물을 분석해 보면, 익힌 음식에서 나오는 배설물에 비해 날음식에서 나오는 배설물에 영양분이 더 풍부합니다. 바꾸어 이야기하면 우리 몸은 익힌 음식에서 훨씬 더 많은 영양분을 흡수할 수 있다는 말입니다. 특히 전분류는 익혀서 먹을 경우 흡수율이 놀랍게 증가합니다. 익힌 전분은 씹기에 훨씬 편하기 때문이기도 하며, 감자와 같은 구근류의 껍질을 까기도 쉬워집니다.

불은 포유류가 소화하기 힘든 음식을 소화할 수 있게 합니다. 포유류는 생채소를 이루는 섬유소를 소화할 수 있는 능력이 없습니다. 놀랍게도 초식동물조차도 날것의 식물을 직접 소화할 수 있는 효소를 가지고 있지 않습니다. 대신 초식동물은 여러 가지 방법을 통해 식물을 소화해 냅니다. 그중 하나는 미생물입니다. 장내에 미생물을 키워서 그들의 도움으로 식물을 소화합니다. 또한 소나 양은 네 개의 위를 가지고 있습니다. 본래라면 소화할 수 없는 식물을, 몇 차례의 과정을 거쳐서 소화하기 위해서입니다. 이를 위해서 먹은 음식을 토했다가 다시 삼키기를 반복하기도 합니다. 이게 바로 되새김질입니다. 하지만 불에 익히면, 보잘것없는 위 한 개만 가지고도 채소를 소화할 수 있습니다. 불은 그야말로 제2의 위장이라고 할 수 있습니다.

생식에는 화식보다 훨씬 더 많은 시간과 노력이 필요합니다. 밥 한 공기를 먹는 시간은 그다지 길지 않습니다. 물에 말아서 먹기라도 한다면 밥 한 공기를 먹는 데 1분이 채 걸리지 않습니다. 하지만 밥 한 공기를 만들 만큼의 생쌀 한 줌을 먹으려면 오랫동안 꼭꼭 씹어야 합니다. 하루 종일 일하고 허기져서 집으로 돌아왔는데 밥 대신 생쌀을 씹어 먹어야 한다면? 생각만 해도 턱이 빠질 것 같습니다. 쌀뿐만 아닙니다. 고기든 채소든 생으로 씹어 먹으려면 오랜 시간이 걸립니다. 그나마 지금 우리가 접할 수 있는 먹거리는 우리 입맛에 맞도록 개량된 품종입니다. 야생의 먹거리보다 훨씬 부드럽습니다. 야생의 푸성귀와 과일은 대개 뻣뻣

하고 맛이 없습니다. 갇힌 채 사료만 받아먹고 키워져 마블링이 잘된 가축의 고기는 입에 녹도록 부드럽지만 야생에서 자유롭게 뛰어놀던 동물의 고기는 순 근육질이어서 매우 질깁니다.

몽골에서 발굴 현장에 참가한 적이 있습니다. 매일같이 염소고기와 양고기가 나오다가 하루는 소고기가 메뉴에 등장했습니다. 얼마나 기뻤는지 모릅니다. 그러나 반가움도 잠깐이었습니다. 몽골 초원의 소고기는 한국에서 먹던 소고기와는 식감이 완전히 달랐습니다.

생식을 체험한 사람들은 공통적으로 말합니다. 몸이 가벼워지고 가뿐해진다고 합니다. 온종일 배가 고프고 아무리 먹어도 포만감이 없다고 합니다. 그리고 결국 체중이 감소합니다. 그럴 수밖에 없습니다. 같은 양의 음식을 먹더라도 훨씬 더 많이 꼭꼭 씹어 먹느라 에너지를 더 많이 써야 하고 소화에도 더 많은 에너지가 필요하기 때문입니다. 그런데 정작 영양분은 덜 흡수되므로 먹느라고 들인 노력이 아까울 정도입니다. 화식은 섭취와 흡수 과정에서 생식보다 훨씬 경제적인 셈입니다.

여기서 경제적이라고 하는 것은 물론 영양소 흡수 효율을 말하겠지만 더 중요한 것이 한 가지 있습니다. 바로 시간입니다. 오늘 여러분이 식사에 사용한 시간은 어느 정도인가요? 하루에 세 번 식사를 하고 두 번 간식을 먹었다고 하더라도 다 합쳐서 3시간도 걸리지 않았을 것입니다. 작정하고 빨리 먹었다면 그보다 적은 시간일 수도 있습니다. 사실 사람 외의 동물들은 살면서 많은 시간을 먹고 소화하는 데 보내야 합니다. 침팬지는 하루에 약 12시간을 먹는 데 사용합니다. 살아 있는 시간

호모 에렉투스는 불을 사용할 수 있었을 것으로 추정되지만, 직접적인 증거는 아직 발견되지 않았다.

의 절반을 오로지 먹는 데 쓰는 것입니다.

먹는 데에 쓰는 시간을 줄이게 된 사람은 침팬지에 비해서 하루에 9시간 이상을 더 활용할 수 있게 되었습니다. 씹어 삼키고 소화하는 시간을 아껴서 얻은 시간에 인류는 다른 일을 할 수 있게 되었습니다. 이 시간에 인류는 무엇을 하면서 시간을 보냈을까요? 도구를 만들었습니다. 이글거리는 불꽃을 보면서 무엇인가에 홀린 듯 상상을 할 수 있었습니다. 눈앞에 보이지 않는 것을 그림으로 그릴 수 있게 되었습니다. 아마도 남는 시간에 이야기꽃을 피웠을지도 모릅니다. 언어를 발명했다면 말입니다.

식물성 먹거리나 동물성 먹거리 모두 익혀서 먹으면 영양분을 훨씬 더 많이 흡수할 수 있지만, 익힌 음식이 빛을 발하게 된 것은 농경이 본격적으로 자리 잡고 곡류 위주의 식생활을 하면서부터입니다. 곡물에 물을 붓고 끓여서 먹으면 맛도 좋고 소화도 잘된다는 것을 발견합니다. 곡류에 물을 부어 끓인 음식은 무엇보다도 이유식으로 최고였습니다.

농경이 자리 잡으면서 인구가 폭발적으로 증가한 데에는 곡물로 만든 이유식이 큰 역할을 했습니다. 이유식 덕분에 모유 수유 기간이 줄어들었습니다. 그로 인해 모유 수유 기간에 정지되었던 배란 주기가 다시 시작되고 임신이 가능해지게 되었습니다. 한 명의 가임 여성 기준으로 4~5년이었던 출산 터울이 2~3년으로 줄어듭니다. 폭발적인 인구 증가가 가능해진 것입니다.

곡물에 물을 부어서 죽을 만들어 먹거나 증기로 쪄 먹는 등 부드러운 음식에 의존하게 되면서 인류의 몸에는 큰 변화가 오게 됩니다. 우리의 뼈는 살아 있는 조직이기에 쓰기에 따라 뼈 조직이 더 늘어나며, 쓰지 않는 뼈는 조직 세포가 줄어들게 됩니다. 부러진 다리뼈를 치료하면서 깁스로 감싸고 몇 달 동안 앉아 있다가 일어나면 뼈가 약해져 있기 때문에 걷는 단계부터 다시 재활 훈련을 받아야 합니다. 턱뼈 역시 마찬가지입니다. 턱뼈의 가장 큰 역할은 치아의 저작 운동입니다. 많이 씹을수록 저작근의 힘을 받으면서 강건해지고, 덜 씹으면 턱뼈가 작아집니다. 그런데 치아는 뼈와 다릅니다. 치아는 유전자의 영향이 커서 태어날 때부터 크기가 이미 정해져 있으며 잇몸 밖으로 나오기 전에 이미 잇몸 속에서 만들어집니다. 태어날 때부터 이미 정해진 치아의 크기는 많이 씹는다고 더 커지지도 않고 덜 씹는다고 작아지지도 않습니다. 오히려 많이 씹을수록 닳아서 작아집니다.

그럼 농경이 자리 잡으면서 부드러운 음식을 많이 먹게 된 인류의 몸에 어떤 변화가 일어났을까요? 저작근을 덜 쓰게 되면서 인류의 턱뼈는 작아지지만 타고난 치아의 크기에는 변함이 없습니다. 그 결과 치열 부정합이 늘어납니다. 특히 부드러운 음식을 선호하는 일본 지역의 선사, 역사 시대 인골에서는 덧니, 뻐드렁니 등의 치열 부정합이 농경의 정착과 더불어 많이 나타납니다. 그만큼 익혀서 부드러워진 음식에 의존하게 되었다는 뜻입니다.

그렇다면 인류는 언제부터 화식을 시작했을까요? 사실 화식은커녕 인류가 불을 마음대로 제어할 수 있었다는 분명한 증거조차 고고학적으로 후기 구석기 시대에서야 확실하게 나타납니다. 후기 구석기 시대 이전에는 불을 자유롭게 다루었다는 증거가 확실하지 않습니다. 전기 구석기와 중기 구석기 시대 유적에서는 수많은 동물 뼈가 발견되었지만 불 맞은 동물 뼈는 없습니다. 불 맞은 석기도 발견되지 않고 있습니다.

인류가 화식을 했다는 증거는 사실 논리적인 정황 증거뿐입니다. 고인류는 약 200만 년 전 중국의 샹첸 지역까지 진출했습니다. 그런데 이들이 빙하기의 유라시아 대륙에서 불도 다루지 못한 채로 살아남았을 가능성은 없기 때문입니다. 이는 고인류가 털을 잃고 땀으로 체온을 조절하게 되어 주간 사냥을 할 수 있었을 것이라는 가설처럼, 직접적인 증거는 없지만 논리에 의존하여 상정할 수밖에 없는 경우입니다. 바꾸어 말하면, 인류가 화식을 하지 않았다면 생식만으로는 살아가기 힘들었을 것이기 때문입니다. 날고기 혹은 날지방은 그런대로 씹어 먹을 수 있습니다. 초식동물을 사냥하여 그 소화기관에 들어 있는 식물, 어느 정도 소화가 진행된 식물을 인류가 중간에 가로채서 식물성 먹거리를 먹는 것이 가능할 수는 있겠습니다. 그렇지만 200만 년 전에 등장한 호모속의 몸은 생식만으로 지탱하기에는 치아와 턱뼈와 소화기관이 너무 부실합니다. 앞서 나왔듯이 후기 구석기의 호모 사피엔스는 화식에 의존했을 것입니다. 그런데 호모 사피엔스 이전의 고인류 호모 에렉투스 역시 화식에 의존했을까요?

이 문제에 대한 답은 '비싼 장기 가설expensive-tissue hypothesis'에서 찾을 수 있습니다. 이것은 고인류학자 레슬리 아이엘로Leslie Aiello가 두뇌와 소화 장기는 모두 비싼 장기라는 점에 착안하여 내놓은 가설입니다. 비싼 장기라는 것은 제작비와 유지비가 모두 많이 든다는 뜻입니다. 따라서 비싼 장기인 두뇌와 소화 장기를 둘 다 크게 만들 수는 없습니다. 한쪽을 크게 만들기 위해서는 다른 한쪽을 포기해야 합니다. 오스트랄로피테쿠스속은 두뇌 대신 소화 장기를 선택했습니다. 오스트랄로피테쿠스속은 수백만 년의 진화 과정에서 두뇌 용량이 조금 커지기는 했지만 소화 장기는 훨씬 더 컸고 많은 기능을 했습니다. 비록 소화 장기 자체는 화석으로 남아 있지 않지만 몸통뼈, 등뼈, 골반뼈의 크기를 통해 그 크기를 가늠할 수 있습니다.

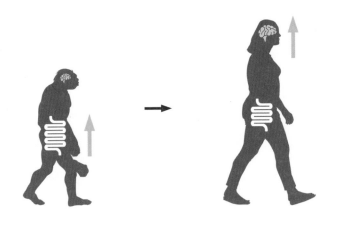

레슬리 아이엘로는 고인류의 신체 기관이 독자적으로 진화한 것이 아니라 다른 기관과의 연관 속에서 진화했다고 생각한다. 비싼 장기 가설은 인류 두뇌 크기 증가에 대한 또 하나의 유인을 설명한다.

오스트랄로피테쿠스속에 비해 호모속은 몸통이 좁고 골반뼈 역시 키에 비해 좁은 편입니다. 사람의 소화기관은 비슷한 몸집의 영장류가 가진 소화기관의 절반 크기밖에 되지 않습니다. 그 대신에 호모속은 두뇌 용량을 놀라울 정도로 키웠습니다. 소화기관 대신 다른 비싼 장기인 두뇌를 선택한 것입니다. 작은 치아, 작은 소화기관을 가지고 오스트랄로피테쿠스속과 같은 먹거리를 먹는다면 큰 두뇌와 큰 몸집을 유지할 만큼의 열량을 도저히 섭취할 수 없습니다. 그러나 음식을 익혀 먹었다면 이야기가 달라집니다.

호모속은 식물성 먹거리를 독점하고 획득과 섭취에 최적화된 오스트랄로피테쿠스속과의 경쟁을 피해서 새로운 먹거리인 동물성 단백질과 지방을 목표로 삼았습니다. 다른 포식자가 잡아서 한바탕 먹고 버린 사체의 골수와 뇌 등을 먹든, 살아 있는 동물을 잡아서 사냥하든, 앞에서 이야기했듯 곤충식을 하든 다양한 방법을 썼을 것입니다.

살아 있는 동물을 잡아서 먹게 된 호모 에렉투스는 새로운 먹거리에서 오는 새로운 위험을 해결해야 했습니다. 골수나 뇌는 뼛속에 있어서 쉽게 상하지 않지만 뼈 바깥에 있는 근육, 즉 고기는 상하기 쉽습니다. 상한 고기를 먹고 탈이 나면 치명적일 수도 있습니다. 어쩌면 상한 고기를 알아보는 능력은 이때부터 우리의 유전자 깊숙한 곳에 자리 잡게 된 것일지도 모릅니다. 우리는 상한 고기에서 나는 냄새를 식물성 식재료가 상했을 때 나는 냄새와는 비교할 수도 없이 역하다고 여깁니다. 코를 찌르는 냄새를 풍기는 상한 고기는 먹기는커녕 가까이 갈 수도 없습니다.

동물성 단백질이 쉽게 상하지 않게 하는 방법은 불로 익히는 것입니다. 호모 에렉투스가 사용한 사냥법은 사냥감이 지쳐 쓰러질 때까지 몇 날 며칠을 뒤쫓는 것으로 알려져 있습니다. 사냥에도 오랜 시간이 필요한데 고기를 씹고 소화하는 일에까지 너무 많은 시간을 쓸 수는 없습니다. 그런데 호모 에렉투스가 이러한 사냥법을 사용했다는 것은 사냥에 오랜 시간을 들여도 효율적으로 영양분을 섭취할 수 있는 방법이 있었다는 뜻입니다. 불을 이용하여 음식을 익혔다면 시간을 적게 들여 먹을 수 있습니다. 결국 호모 에렉투스의 큰 몸집과 큰 두뇌에는 화식이 중요한 역할을 했다고 추정됩니다.

그러나 세상에는 공짜가 없습니다. 익힌 음식은 고인류에게 많은 이익을 가져다주었지만 대가 또한 치러야 했습니다. 음식을 익히다 보면 불에 타기도 합니다. 지금이라면 탄 고기는 그냥 버릴 수도 있겠지만 먹거리가 귀한 고인류는 웬만큼 탄 음식은 그냥 먹었을 것입니다. 탄 음식을 먹으면서 발암물질이 체내에 쌓이게 되었습니다. 고기를 굽거나 장작이 불에 탈 때 발생하는 연기를 너무 많이 마시면 유전자의 돌연변이와 암을 발생시킬 가능성이 커집니다. 구운 고기나 연기에서 나오는 발암물질을 몸 밖으로 내보내는 작용을 하는 효소를 너무 많이 만들면 그 역시 독성을 띠게 됩니다. 그래서 발암물질을 분해하는 효소를 너무 많이 만들지 않게 하는 유전자가 사람에게는 있습니다. 사람은 다른 동물에 비해 발암물질에 대한 내성을 키워야 했던 것입니다. 또한 음식을 익히면서 열에 파괴된 비타민을 보충하기 위해 별도로 날음식을 꼭 섭취해야 했을 것입니다. 날음식을 섭취하지 않으면 다양한 비타민 결핍으로 치명적일 수도 있기 때문입니다.

요즘 '불맛'이 유행입니다. 불맛 입힌 음식을 먹을 때 느끼는 어딘지 모르는 익숙함은 어쩌면 저우커우뎬 동굴 속에서 말고기를 불에 익혀 먹던 호모 에렉투스 시절의 기억일지도 모릅니다.

상상의 날개

사람은 창의적인 동물입니다. 주위를 둘러보세요. 지금 이 글이 쓰인 종이와 잉크부터 시작해서 어느 하나라도 사람 손이 발명하지 않고 만들지 않은 것이 없습니다. 사람은 맨몸으로는 살 수 없는 환경에서 살면서 자신의 몸을 바꾸었을 뿐만 아니라 환경에 손을 대서 자기가 살아갈 수 있는 환경으로 만들어 버렸습니다. 그 밑바탕에는 사람의 무궁무진한 창의성이 있습니다. 흔히들 '창조주'에 대해서 이야기하지만 우리가 사는 이 세계를 창조한 것은 신이 아닌 사람이라고 이야기해도 전혀 이상하지 않습니다. 어떤 의미에서 사람은 창조주, 신까지도 창조해 낸 것입니다. 이렇게 세상의 모든 것을 창조해 낸 사람의 창의성은 언제부터 시작되었을까요?

창의력이라고 하면 우리는 흔히 예술과 과학을 떠올립니다. 예술과 과학은 언제 어디에서 시작되었을까요? 중세나 르네상스 시대의 유럽에서 기원을 찾는 사람도 있습니다. 2,000년 전 그리스와 로마 시대를 떠올리는 사람도 있을 것입니다. 혹은 기원전 고대의 중국이라고 주장하기도 합니다. 그러나 '창의력' 자체가 시작된 것은 그보다 훨씬 더 오래전으로 거슬러 올라갑니다. 1만 년 전에 식물과 동물에게서 원하는 속성만 뽑아내어 농작물과 가축으로 만들어 낸 원동력 역시 창의력이었습니다. 3만 년 전에는 동굴에 벽화를 그리고, 장신구를 만들고, 특별히 만든 구슬을 꿰어서 죽은 사람에게 걸어주며 주검에 특별한 의미를 부여했습니다. 안료를 만들어 주검에 칠하기도 하고 동굴 벽화를 그릴 때 쓰기도 했습니다. 누구나 예술이라고 인정할 만한 고고학 자료가 등장한 것입니다. 인류학에서는 이를 후기 구석기 시대라고 부릅니다. 인류학에서는 오랫동안 유럽의 후기 구석기 시대를 예술의 기원 시점으로 보았습니다. 후기 구석기 시대는 호모 사피엔스의 등장과도 연결되었는데, 어쩌면 예술성은 사람만이 가지고 있는 특징이라는 생각과도 맞아떨어졌는지도 모릅니다. 호모 사피엔스가 등장하는 후기 구석기 시대에 호모 사피엔스에게 독특한 예술성과 창의성이 고고학 자료로 발견되기 시작한다는 것은 무리 없는 가설이었습니다.

그런데 예술성과 창의성을 함께 보고 그 기원을 후기 구석기보다 훨씬 이전인 전기 구석기 시대에서 찾을 수도 있습니다. 후기 구석기가 유럽에서 3만 년 전에 시작한 반면, 전기 구석기 시대는 아프리카에서 200

만 년 전에, 최초의 고고학 자료인 돌로 만든 도구와 함께 시작합니다. 돌을 들고 완성품을 머릿속에 그리면서 어디에 어떻게 사용할지를 상상하는 행위는 큰 대리석 원석을 눈앞에 두고 완성품을 그리면서 조금씩 모양을 만들어 나가는 조각가의 예술 행위와 크게 다르지 않습니다. 미술사에서 귀하게 여기는 황금률은 100만 년 전 아슐리안 석기의 형태에서도 알아볼 수 있습니다. 고인류학자 아구스틴 푸엔테스Agustín Fuentes는 호기심과 상상력으로 돌을 매만지고 머릿속 시뮬레이션을 통해 도구를 쓰는 일련의 과정은 창의적인 과학이라고 주장합니다.

200만 년 전의 전기 구석기 시대에는 어른의 펼친 손보다 약간 큰 크기의 몸돌을 석기로 만들어 사용했습니다. 그 뒤 20만 년 전에 시작한 중기 구석기 시대에는 주먹 크기의 몸돌을 예쁘게 다듬은 다음 떼어낸 돌날을 석기로 사용했습니다. 그 뒤를 이어 약 3만 년 전 후기 구석기 시대에는 점점 작고 섬세하게 떼어낸 돌날로 만든 다양한 도구가 나타나고 도구의 재료도 다양해졌습니다. 돌뿐만 아니라 다양한 재료로 만든 도구가 등장했습니다. 이 시기를 인류학계에서는 '사람의 혁명', '창의의 혁명'이라고도 일컫습니다. 그런데 이렇게 불리게 된 것은 단지 도구의 재료가 다양해지고 많은 종류의 도구 유형이 나타났기 때문만은 아닙니다. 바로 '스타일' 요소가 등장했기 때문입니다. 스타일은 기능에 직접적인 영향이 없는 장식적인 요소입니다. 예를 들어 긴 칼의 모양은 기본적으로 똑같지만 칼자루와 칼끝 등의 모양새가 다를 수 있습니다. 기능과 관계없이 장식적인 요소는 예술성의 표현이기도 하고, 자기

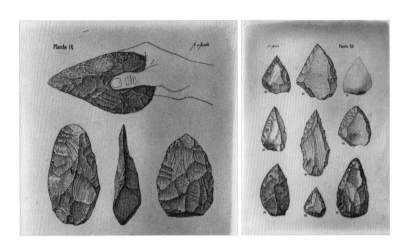

인류의 석기 제작은 대표적으로 올도완, 아슐리안(왼쪽), 무스테리안(오른쪽) 순으로 점차 정교해진다. 특히 무스테리안 석기 제작에는 정교한 계획과 세밀한 힘 조절이 필요하다.

를 나타내거나 자기가 속한 집단을 나타내기도 합니다. 자의식, 집단의식의 표현입니다.

후기 구석기 시대 이전, 전기 구석기 시대와 중기 구석기 시대에 나타난 올도완Oldowan, 아슐리안Acheulean, 무스테리안Mousterian 등의 석기 공작 이름은 도구의 모양이나 제작 기법을 나타냅니다. 이들은 유라시아와 아프리카 전역에서 발견됩니다. 그러나 후기 구석기 시대에는 오리나시앙Aurignacian, 막달레니앙Magdalenian, 솔루트리안Solutrean 등 프랑스 한 지역에서만도 여러 문화가 등장합니다. 이들은 기능적인 도구뿐만 아니라 다양한 스타일의 장식적인 요소로도 구분됩니다. 장식적인 요소는 '남'과 '자신'을 구별하는 자의식, '그들'과 '우리'를 구별하는 집단의식의 발로라고 볼 수 있습니다. 그렇다면 자의식과 집단의식을 가진다는 것은 정체성이라는 추상적인 사고가 가능하다는 뜻이기도 합니다. 추상적인 사고는 예술 활동에 필요한 인지적 특징입니다.

추상적인 사고나 예술적인 행위는 어디서 어떻게 기원했을까요? 그림이나 조각품, 개인의 몸에 걸치는 목걸이와 같은 예술품은 3만 년 전 후기 구석기 시대부터 폭발적으로 많은 수로 등장합니다. 후기 구석기 시대에 등장하는 장신구와 동굴 벽화는 정체성 인식과 추상적인 사고라는 사람만의 특징이 인류의 진화 역사상 처음으로 나타나는 순간입니다. 사람 고유의 창의성이 본격적으로 등장하는 시점이 후기 구석기라고 한다면, 후기 구석기 시대에 유일하게 등장하는 고인류인 호모 사피엔스가 창의성을 처음으로 발명했다고 생각할 수도 있습니다. 호모 사피엔스와 네안데르탈인이 생물학적으로 다르다고 보는 입장에서는 네안데르탈인의 중기 구석기에는 없었던 창의성이 호모 사피엔스의 후기 구석기에서만 나타나므로 창의성은 호모 사피엔스의 유전자에만 새겨진 기능이라고 해석할 수도 있었습니다. 네안데르탈인과 현생인류가 서로 연결되지 않는다는 학설의 지지자들에게 후기 구석기에서 발견할 수 있는 예술성이야말로 현생인류의 우월성과 사람다움을 설명할 수 있는 근거였습니다. 한 걸음 더 나아가 현생인류는 사람다운 예술성을 가지고 있었고 그 우월성으로 네안데르탈인을 멸종시켰다고 상정할 수 있었습니다.

동굴 벽화는 단순히 벽에 그려진 그림 이상의 의미를 가지고 있습니다. 벽화가 그려진 동굴을 방문한 사람은 하나같이 그 장소에 서 있을 때 이루 말할 수 없는 감동과 전율을 느꼈다고 이야기합니다. 물론 그들이 받은 감동은 굉장히 유명한 장소에 실제로 발을 디뎠다는 데에서 오는 것일 수도 있습니다. 특히 우리가 모두 알 정도로 유명한 동굴 벽화는 유적을 보존하기 위해서 출입을 제한하고 있기 때문에 그 안에 들어갈 수 있는 사람들은 몹시 한정되어 있습니다. 그렇지만 동굴 벽화 앞에 서 있을 때 드는 신비한 느낌은 정말로 그런 희소함 때문일까요?

벽화가 남겨진 동굴이 어떤 동굴인지를 생각해 보아야 합니다. 고인류는 그냥 아무 동굴에 들어가서 벽화를 그렸을까요? 아니면 특별한 기준을 가지고 동굴을 선택했을까요? 프랑스의 한 절벽에는 43개의 비슷비슷한 동굴이 있지만 이 중 벽화가 그려진 동굴은 8개뿐입니다. 동굴의 음향 성질을 비교 분석한 결과 벽화가 그려져 있는 동굴은 특히 메아리 효과가 뛰어났다는 사실이 밝혀졌습니다. 이는 동굴 벽화가 음향 효과를 이용한 의례의 한 부분으로 사용되었을 것이라는 가설에 힘을 실어줍니다. 이렇게 벽화가 그려진 동굴 자체가 특별한 장소였다면 지금 우리가 그 앞에 섰을 때 묘한 느낌을 받는 것도 이해가 갑니다. 메아리 효과가 좋은 동굴에 들어가서 돌로 벽과 바닥을 두드리면서 노래를 부르는 모습, 노래를 부르면서 벽화를 그리는 모습을 상상해 보세요. 매우 익숙한 모습이 떠오르지 않나요? 바로 지금 우리의 모습입니다.

이렇게 사람다운 모습은 세계 어느 곳보다 먼저, 3~4만 년 전 유럽의 후기 구석기 시대에서 시작되었다는 것이 정설이었습니다. 그렇기

스페인 라 파시에가La Pasiega 동굴의 네안데르탈인이 그린 것으로 추정되는 벽화.

때문에 유럽의 후기 구석기 문화 요소가 유럽이 아닌 곳에서 발견되거나 후기 구석기 시대 이전에 있었다는 사실이 밝혀지면 큰 반향을 일으킬 수밖에 없습니다. 21세기에 들어서면서 꾸준히 발표되는 연구들은 유럽 후기 구석기 문화 요소가 유럽이 아닌 곳에서도, 후기 구석기 시대 이전에도 나타났음을 알려줍니다. 스페인에서 발견된 세 군데 벽화의 연대를 측정한 결과 7만 4,000년 전까지도 올려볼 수 있다고 발표되었습니다. 7만 4,000년 전 스페인은 현생인류가 아닌 네안데르탈인이 살던 시대와 지역입니다.

　그동안 네안데르탈인이 동굴 벽화를 그렸다는 연구 결과는 간혹 있었습니다. 그러나 이에 대한 해석은 네안데르탈인의 독자적인 발명이 아니라 옆 동네(?)에 들어온 현생인류가 그리는 행위를 보고 따라 했다는 것이었습니다. 물론 독자적으로 창안했든, 남의 것을 보고 따라 그렸든 그렸다는 사실 자체가 대단한 인지 능력이긴 합니다. 아무나 따라 그릴 수는 없기 때문입니다. 그러나 네안데르탈인이 현생인류의 문화를 단지 따라 했을 뿐이라는 입장의 밑바닥에는 네안데르탈인은 인지 능력의 한계 때문에 독자적으로 창안해 낼 수 없다는 생각, 네안데르탈인은 '부족하다'는 가정이 있었습니다. 그런데 스페인의 벽화가 7만 4,000년 전의 것이라는 이야기는 네안데르탈인이 독자적으로 창안해 낸 문화 요소라는 점에서 획기적인 발견입니다.

동굴 벽화가 호모 사피엔스만의 독창적 문화 요소가 아니라는 점을 밝혀낸 논문에 이어서 동굴 벽화가 유럽인의 전유물이 아님을 보여주는 논문도 발표되었습니다. 인도네시아 보르네오에서 발견된 벽화는 5만 년 전에 만들어졌습니다. 세계에서 가장 오래된 동물 그림이 그려진 벽화 역시 인도네시아에서 발견되었습니다. 반인반수, 사람과 동물이 합쳐진 모습은 온전히 상상의 결과입니다. 독일에서 발견된 30센티미터 길이의 '사자 사람' 조각상은 4만 년 전 고인류의 상상력을 잘 보여줍니다. 사자와 같은 고양잇과의 큰 맹수류가, 지금의 독일에 살았던 고인류가 상상하는 세계에 출현하고 사람과 합쳐졌습니다. 이 시기의 반인반수 조각상으로는 거의 유일무이한 예입니다. 그런데 인도네시아 술라웨시Sulawesi섬에서 발견된 4만 4,000년 전의 벽화에는 동물뿐만 아니라 동물과 사람이 혼합된 형태인 반인반수가 그려져 있었습니다. 유럽이 아닌 곳에서 이렇게 이른 시기에 벽화를 그렸다는 것도 놀랍지만 그 벽화에 반인반수가 그려져 있다는 것은 더더욱 놀랍습니다.

인도네시아에서 발견된 4만 4,000년 전의 벽화의 연대에 대해서 의문을 가지는 것은 당연합니다. 벽화의 연대를 재는 일은 까다롭거든요. 벽화가 그려진 암벽의 연대를 측정해 봤자 그 연대는 암벽이 만들어진 시기일 뿐 벽화가 그려진 시기는 아닐 수도 있기 때문입니다. 벽화는 암벽이 생기고 한참 뒤에 그려졌을 것일 수도 있으니까요. 정확한 방법은 벽화에 사용된 안료의 연대를 측정하는 것입니다. 하지만 안료를 연대 측정의 시료로 사용하면 안료가 파괴되고 맙니다. 소중한 고고학 자료를 파괴하는 셈입니다. 게다가 그렇게 해서 측정한 연대가 안료로 사용된 재료 자체가 만들어진 연대인지 혹은 벽화에 안료로 쓰인 연대, 그러니까 벽화를 그린 연대인지 구분하기가 어렵습니다. 오래된 나무를 갈아서 안료를 만들었다면 측정된 연대는 벽화가 그려진 시기보다 훨씬 더 오래전, 나무가 만들어진 시기입니다. 따라서 동굴 벽화의 연대는 벽화가 그려진 면 안쪽과 벽화가 그려진 면 바깥쪽을 덮고 있는 동굴 지층의 연대를 측정하여 추정합니다. 그렇게 꼼꼼하고 철저한 방법을 통해 측정한 인도네시아 벽화의 연대입니다.

4~5만 년 전 인도네시아에서 벽화를 그린 고인류는 누구였을까요? 벽화를 그릴 정도의 창의성을 가진 고인류가 호모 사피엔스뿐이라면 4~5만 년 전에 이미 호모 사피엔스가 동남아시아까지 확산했다는 놀라운 결론을 내리게 됩니다. 하지만 호모 사피엔스 외에도 다양한 고인류가 창의성을 가지고 있었다면 당시 동남아시아에서 살았던 다양한

고인류를 모두 고려해 볼 수 있습니다. 그중 호모 플로레시엔시스*Homo floresiensis*일 가능성도 감히(?) 생각해 봅니다. 호모 플로레시엔시스는 1미터 내외의 작은 키에 두뇌 용량은 호모 사피엔스의 4분의 1에 불과한 400cc 정도였습니다. 침팬지의 두뇌 용량보다도 작은 두뇌 용량을 가지고 있던 호모 플로레시엔시스가 벽화를 그렸다면 추상적인 예술에도 큰 머리가 꼭 필요했던 것은 아니라는 충격적인 결론이 가능합니다.

눈에 보이지 않는 세계라면 죽음을 빼놓을 수 없습니다. 죽은 상태와 산 상태를 가르고, 살아 있는 사람과 구별된 공간으로서 죽은 사람의 무덤을 준비하고 시신을 묻어주는 일 역시 현생인류, 호모 사피엔스에게서만 가능하다고 생각되어 왔습니다. 호모 사피엔스 평균 두뇌 용량의 반에도 못 미치는 두뇌 크기를 가진 남아프리카의 호모 날레디*Homo naledi*가 기어서 겨우 닿을 수 있는 동굴 깊숙한 곳에 동료들의 주검을 가져다 두었다는 주장은 학계의 검증을 기다리고 있습니다.

세계 최초의 벽화가 프랑스든 인도네시아든 어디서 발견되든, '세계 최초'의 명찰을 누구에게 달아야 할지는 사실 그렇게 중요하지도 흥미롭지도 않은 과제입니다. 그보다는 예술성이나 창의성과 같이 사람다움을 만들어 내는 요소가 3만 년 전 유럽이라는 특정 시점과 특정 지점에서 기원한 것이 아니라는 점에 주목하게 됩니다. 사람다움을 한눈에 알아볼 수 있는 동굴 벽화가 유럽의 현생인류가 독창적으로 만들어 낸 것이 아니라는 사실은, 다시 말해 현생인류가 아닌 고인류가 아시아에서 만든 문화 요소라는 사실은 사람다움이 어느 특정 지역, 특정 시대에

인류의 진화

서 시작하지 않았을 가능성을 시사합니다.

사람의 창의력으로 창조된 세상의 바탕에는 '상상력'이 있습니다. 이러한 물건을 만든 사람들이 상상했던 세상을 창의적으로 표현했습니다. 현재 눈앞에 보이는 것들에 국한된 사고 체계에서 벗어나 눈에 보이지 않는 세계를 만들어 냈습니다. 시간으로 따지면 과거와 미래입니다. 지금 있는 곳에서 벗어나 상상의 장소에 있는 시나리오를 상상합니다. 현재를 벗어난 세계, 눈에 보이지 않는 세계는 현실 속에서는 실체가 없지만 사람의 머릿속에 살아 있고 언어를 통해 다른 사람들과 나누게 됩니다. 우리가 '창의력' 하면 쉽게 떠올리는 종교, 예술, 과학은 어쩌면 수만 년, 수십만 년, 수백만 년 동안 인류의 진화와 함께 계속되어 온 창의 역사의 끝머리일지도 모릅니다.

킬러
유인원

시대를 초월하는 명작으로 꼽히는 스탠리 큐브릭 감독의 영화 〈2001:
스페이스 오디세이〉(1968)는 '사람의 여명Dawn of Man'이라는 장면으
로 시작합니다. 약 10분 동안 이어지는 장면에는 시커먼 털로 뒤덮인 유
인원이 등장합니다. 이들은 침팬지처럼 네발로 기어다니면서 맹수에게
잡아먹히기도 하고 집단끼리 갈등을 일으키기도 하면서 살아갑니다.
그러던 어느 날 유인원은 뼈를 발견합니다. 그리고 슈트라우스의 〈자라
투스트라는 이렇게 말했다〉의 웅장한 음악을 배경으로 두 발로 일어나
걷기 시작하면서 자유로워진 손에 큰 뼈를 듭니다. 손에 든 뼈를 무기로
사용해 동물을 사냥합니다. 이들이 인류의 조상입니다. 아직도 네발로
기어다니면서 뼈를 무기로 사용하는 방법을 모르는 유인원 집단과 맞

부딪치자 두 발로 일어선 유인원(인류의 조상)은 뼈 몽둥이를 휘둘러서 죽이고, 유인원이 쓰러져 죽은 다음에도 돌아가면서 뼈 몽둥이로 구타합니다. 네발로 걷던 이들은 도망가고, 손에 뼈 몽둥이를 들고 두 발로 우뚝 선 인류의 조상은 승리의 함성을 내지르면서 뼈 몽둥이를 하늘 높이 던져 올립니다. 그리고 이 던져 올린 뼈 몽둥이가 지구를 도는 인공위성이 되는 것으로 장면이 자연스럽게 전환됩니다. 이 영화의 시작 장면이 전달하는 메시지는 강렬합니다. 인류가 자랑하는 문명의 이기가 바로 뼈로 만들어진 극히 단순한 도구에서 출발했다는 것 그리고 문명의 시작이 바로 살상의 무기였다는 것입니다.

큐브릭 감독이 〈2001: 스페이스 오디세이〉에서 인류의 조상으로 제시한 폭력적이고 공격적인 유인원의 모습은, 그가 영화를 만든 1960년대 당시 고인류학계의 정설이었던 '킬러 유인원 가설Killer Ape Hypothesis'에서 그려진 모습입니다. 지금에 와서는 킬러 유인원 가설은 더 이상 주류 학설이 아니지만, 이 가설에서 그려내는 고인류의 모습은 고인류학의 역사에서 가장 오랫동안 끈질기게 이어져 왔으며 지금도 곳곳에 그 영향이 남아 있습니다.

킬러 유인원 가설은 고인류학자 레이먼드 다트가 1950년대에 제시했습니다. 다트는 1920년대에 고인류 화석 타웅 아기Taung Baby를 발견하고 새로운 고인류 계통인 오스트랄로피테쿠스 아프리카누스라고 발표했습니다. 그는 오스트랄로피테쿠스 아프리카누스가 최초의 인류라고 주장했지만 당시 최초의 인류로 여겨지던 필트다운인Piltdown Man에

가려져서 큰 관심을 받지 못했습니다. 오스트랄로피테쿠스는 '남쪽'을 뜻하는 '오스트랄로'와 '유인원'을 뜻하는 '피테쿠스'가 합쳐진 이름입니다. '남쪽 유인원'이 인류의 조상이라는 주장은 유럽인에게 설득력이 없었습니다. 아이러니컬하게도 타웅 아기와 비슷한 때에 발견된 필트다운인은 여러모로 타웅 아기와 대조되었습니다. 남아프리카에서 발견된 타웅 아기와 달리 필트다운인은 유럽의 중심을 자처하는 영국의 수도 런던 근처에서 발견되었습니다. 침팬지 두뇌 용량보다도 작은 두뇌를 가지고 있던 볼품없는 타웅 아기에 비해 필트다운인은 현대인만큼 큰 두뇌를 가지고 있었습니다. 게다가 현대인처럼 나약한 치아가 아닌 크고 강력한 치아를 가지고 있었습니다. 이는 최초의 인류가 자연 생태계에서 위협적인 존재였음을 시사했습니다. 이것이야말로 우리가 원하던 '멋진 조상'의 모습이었을지도 모릅니다. 하지만 필트다운인은 화석이 아니라는 것이 1953년에 밝혀졌습니다. 필트다운인의 머리뼈와 치아에 남아 있는 불소를 분석한 결과 함량이 서로 달랐습니다. 같은 몸을 이루었던 머리뼈와 치아였다면 함량이 같아야 합니다. 함량이 다르다는 것은 머리뼈와 치아가 한 몸을 이루지 않았다는 것을 뜻합니다. 결국 필트다운인은 고인류 화석이 아니라 불과 몇백 년 전의 사람 머리뼈와 오랑우탄의 턱뼈, 침팬지의 이빨을 짜 맞춰 조작된 가짜라는 사실이 밝혀졌습니다.

필트다운인이 인류의 조상이 아니라는 사실이 밝혀지는 동안 남아프리카에서는 오스트랄로피테쿠스 아프리카누스 고인류 화석이 계

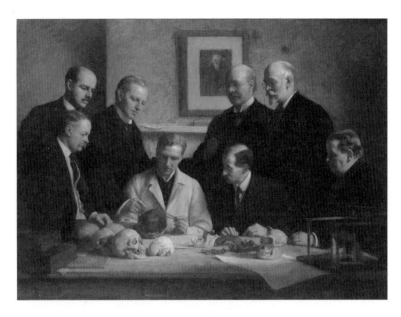

필트다운인의 머리뼈를 확인하고 있는 연구자들을 그린 존 쿡John Cooke의 초상
화(1915). 이후 필트다운인의 화석은 조작임이 밝혀졌다.

속 발견되고 있었습니다. 과연 최초의 인류는 '유인원'이었을까요? 남
아프리카의 동굴에서는 고인류 화석과 함께 많은 동물 뼈 화석이 발
견되었습니다. 다트는 그동안 축적된 고인류 화석과 동물 뼈 화석을
분석하여 고인류가 동물을 잡아먹은 흔적이라고 해석했습니다. 다트
가 내놓은 킬러 유인원 가설은 최초의 인류가 아프리카에서 기원한 위
협적인 존재였다는 내용을 담고 있습니다. 킬러 유인원인 인류가 만
들어 쓴 최초의 도구는 뼈, 이빨, 가죽 등으로 만들어진 사냥도구 문
화osteodontokeratic culture라고 주장했습니다. 인류가 아프리카에서 위
협적인 포식자로서 기원했다는 킬러 유인원 가설은 『아프리카 창세

기『African Genesis』(1961) 등 잇단 대중 과학서를 히트시킨 로버트 아드리Robert Ardrey의 대중 교양서 『사냥 가설Hunting Hypothesis』(1976)을 통해 영향력 있는 인류 기원 모델로 자리 잡았습니다. 공격성과 무기를 모두 갖추고 상위 포식자로 등극한 인류 조상의 모습이라면 공격성과 무기는 인류의 기원을 설명할 수 있는 중요한 개념이었습니다.

잔인함, 공격성, 폭력성은 사람의 원초적인 본능이자 유전자에 새겨진 자연스러운 속성이라는 생각은, 인류의 조상에게서 공격성을 찾으려는 시도로 연결됩니다. 물론 공격성이 인류에게서만 볼 수 있는 특징은 아닙니다. 그러나 같은 종에 속하는 개체들끼리 대규모로 서로 죽이고 죽는 일은 다른 동물 세계에서는 흔하지 않습니다. 사람 이외의 동물 세계에서, 갈등에는 뚜렷한 이유가 있으며 갈등의 기간도 한시적입니다. 갈등은 으름장으로 끝나는 경우가 많습니다. 서로 죽을 때까지 치고받는 게 아니라 서로의 힘을 과시함으로써 비교하고 누군가 졌다는 것을 인정하는 것으로 끝나는 것입니다. 죽음으로까지 이어지는 갈등은 그렇게 많지 않거니와, 많은 개인이 이유 없이 떼를 이루어 서로 죽고 죽이는 경우는 더더욱 보기 힘듭니다. 킬러 유인원 가설은 그렇게 특별한 사람의 폭력성을 진화로 설명했습니다. 태초부터, 최초의 고인류부터 보이는 폭력성이라면 이는 유전자에 새겨진 것이라고 해석할 수 있었습니다.

동족상잔, 같은 종의 개체를 죽이는 일은 사람만이 할 수 있는 일이라고 믿었던 우리에게 제인 구달이 발견한 침팬지의 동족 살상은 인류의 진화에 대해 새로운 시각을 제공했습니다. 침팬지들은 무리를 이루어 옆 집단을 공격하고, 잠복했다가 죽이기도 했으며, 갈등이 몇 년 동안 계속되기도 했습니다.

TV 드라마나 영화에서 침팬지는 귀여운 장난꾸러기로 등장합니다. 그렇지만 침팬지와 함께 살면서 그들의 자연적인 상태를 연구한 제인 구달이 알려주는 침팬지, 특히 수컷은 공격적이며 폭력적이었습니다. 침팬지의 경우 수컷끼리의 경쟁은 심하지 않습니다. 침팬지 수컷은 태어난 집단에 머물지만 암컷은 성숙하면 태어난 집단을 떠나 새로운 집단에 합류함으로써 근친교배를 피합니다. 따라서 침팬지 집단의 수컷은 모두 친연관계에 있고 서로 연대합니다. 수컷 무리는 집단 사냥을 하기도 하고, 다른 집단의 일원을 표적으로 삼아서 집단 폭행을 가하고 심지어 죽이기도 합니다. 암컷에게 폭행을 가하며, 반항하는 암컷에게 강제로 교미를 진행하기도 합니다.

친연관계가 있는 일원끼리 연대를 이루어 서로 챙겨주는 모습은 진화생물학에서 해밀턴의 법칙Hamilton's rule으로 어렵지 않게 설명됩니다. 해밀턴의 법칙은 친연관계에 있는 다른 이에게 도움이 된다면 자신의 이익을 포기할 수도 있다는 내용입니다. 언뜻 자기희생인 듯 보이지만 자기가 사라져도 유전자는 퍼져나가기 때문이라고 설명합니다. 침팬지가 수컷 연대를 통해 집단 사냥을 하여 사냥감을 나누어 먹는 행위 역시 그들이 친연관계에 있기 때문이라고 설명할 수 있습니다.

침팬지 사회에서 빈번하게 일어나는 갈등 상황은 수컷끼리의 강한

침팬지 사회에서는 갈등 상황이 빈번하게 일어나며, 수컷들은 연대하여 공격을 통해 문제를 해결한다.

연대와 공격성을 바탕으로 해결합니다. 수컷들은 암컷을 괴롭히고 강제로 교미하며 유아포식도 불사합니다. 침팬지에서 보이는 유아포식은 집단에 새로 들어온 수컷이 유아들을 죽임으로써 새끼를 잃은 암컷들의 배란을 유도하는 행위입니다. 침팬지 수컷에서 보이는 집단 사냥, 집단 폭행, 강제 교미 등은 초기 인류에 대한 가설뿐만 아니라 현대인들의 폭력성(특히 강간)과도 연결되었습니다. '폭력은 (인류의) 원초적인 본능'이라는 명제에 힘을 실어준 것입니다. 리처드 랭험Richard Wrangham이 자신의 저서 『악마적인 수컷Demonic Males』(1996)에서 주장하듯, 남성 우위 사회 및 폭력적인 남성성은 500만 년 동안 수컷이 수컷다움을 행사하는 역사의 연장선일 뿐이라는 것입니다. 침팬지의 폭력성은 사람

인류의 진화

의 본성이 폭력적이라는 명제를 뒷받침하는 듯했습니다.

킬러 유인원 가설은 상위 포식자라는 멋진 이미지를 가진 조상을 내놓았지만, 자료는 매우 다른 조상의 모습을 알려줍니다. 킬러 유인원 가설의 원조 다트가 활동하던 남아프리카 출신 고인류학자 브레인C.K. Brain은 남아프리카의 스와트크란스Swartkrans 동굴에서 발견된 파란트로푸스 로부스투스 머리뼈를 들여다보다 미심쩍은 부분을 발견했습니다. 뒤통수 쪽에 뚫린 구멍 두 개를 눈여겨보게 된 것입니다. 그동안 그런 구멍은 화석을 다루다 생긴 실수로 여겨져 큰 주목을 받지 않았습니다. 고인류 화석은 말 그대로 돌이 된 뼈이기 때문에 암석 속에 묻힌 화석을 추출하는 일은 쉽지 않습니다. 특히 20세기 초에는 금속 기구를 사용하여 화석을 드러내곤 했는데 그 과정에서 화석에 흠이 가는 경우가 많았습니다. 스와트크란스 동굴에서 발견된 고인류 화석의 머리뼈에 새겨진 홈 역시 화석 추출 과정에서 난 흠집이라고 생각했습니다.

그러나 브레인의 생각은 달랐습니다. 두 구멍의 간격이 범상치 않았기 때문입니다. 동물 뼈 분석 전문가였던 브레인은 두 구멍이 바로 표범처럼 큰 고양잇과 동물의 송곳니가 남긴 흔적이 아닐까 생각했습니다. 마침 고인류 화석이 발견된 동굴에서 표범의 아래턱뼈를 찾을 수 있었습니다. 표범의 아래턱뼈를 고인류 화석의 머리뼈에 난 두 구멍 근처에 대어보니 아래턱뼈에 있는 길고 뾰족한 두 송곳니와 딱 맞았습니다. 이 극적인 발견은 1980년대에, 인류의 조상은 막강한 포식자가 아니라 포식자의 먹잇감이었다는 발상의 전환을 가져왔습니다. 강자에서 약자로 위치가 뒤바뀐 셈입니다.

　고인류를 먹잇감으로 삼았던 포식자는 누구였을까요? 브레인의 연구에 등장하는 표범을 꼽을 수 있습니다. 표범은 먹잇감을 잡으면 높은 나무 위로 끌고 올라갑니다. 기껏 잡은 먹잇감을 노리는 경쟁자들을 물리칠 수 있고 먹잇감이 도망갈 수도 없으니 여러모로 이득입니다. 나무 위에서 천천히 먹고 난 나머지 잔반(?)은 나무 위에서 땅으로 떨어지게 됩니다. 남아프리카의 동굴 입구 근처에는 동굴에 고인 물 때문에 큰 나무가 자라는 경우가 종종 있습니다. 표범이 먹고 남은 뼈들이 떨어진 나무 아래는 동굴로 연결됩니다.

　남아프리카의 동굴에서 동물 뼈와 발견된 고인류 화석 뼈는 다트가 생각했듯 킬러 유인원 고인류가 동물을 잡아먹고 남긴 흔적이 아니었습니다. 그보다는 나무 위에서 맹수의 먹잇감이 되어버린 동물의 뼈가 나무 위에서 떨어진 다음 쌓여서 생긴 유적이었습니다. 그리고 그렇게 맹수의 먹잇감이 되어버린 동물 중에 고인류도 있었던 것입니다.

　결자해지일까요? 킬러 유인원 가설을 내놓은 레이먼드 다트가 발견한 타웅 아기 역시 평화롭게 죽은 것은 아니었습니다. 타웅 아기의 머리뼈에는 눈구멍뼈도 남아 있습니다. 눈구멍뼈에는 세모난 구멍이 나 있습니다. 고인류학자 리 버거Lee Berger는 이를 맹금류의 발톱이 남긴 자국이라고 주장했습니다. 맹금류의 행동학 연구가 쌓이면서, 타웅 아기가 맹금류에 의해 들려져서 먹잇감이 된 다음 남은 뼈가 나무 아래로 떨어져 화석이 되었다는 가설을 무시할 수만은 없게 되었습니다.

일련의 연구 결과가 보여주는 인류 조상의 모습은 공격적이고 살상 무기를 휘두르는 킬러 유인원이 아니라, 맹수와 맹금에게 잡아먹히는 먹잇감입니다. 인류의 기원은 공격성을 지니고 태어나 무기를 휘두르며 돌진하는 포식자에게서 찾을 수 없습니다. 작은 몸집으로 두 발로 서서 걷다가 맹수를 만나면 나무 위로 도망가고, 미처 피하지 못해 먹이가 된 나약한 모습이 지금 지구 위를 뒤덮은 사람의 기원이었습니다.

그동안 인류학계에서는 초기 인류의 모델로서 침팬지만을 주목해 왔습니다. 침팬지의 공격성은 사람의 공격적인 남성성을 설명할 수 있다고 여겨져 왔습니다. 그런데 사람과 계통상 가장 가까운 유인원은 침팬지만이 아닙니다. 침팬지속에는 두 종이 있습니다. 하나는 우리에게 널리 알려진 침팬지이고, 또 다른 하나는 보노보입니다. 보노보에 대한 연구는 뒤늦게 시작되었습니다. 침팬지보다 앞에 나서지 않고 공격적이지 않아 사람의 관심을 덜 받았기 때문이기도 합니다. 보노보에 대한 연구 결과는 매우 흥미롭습니다. 보노보는 침팬지와 대척점에 있다고 해도 과언이 아닙니다. 침팬지가 공격적이고 폭력적이라면 보노보는 느긋하고 평화적입니다. 침팬지는 수컷이 주로 연대하는 것으로 유명하지만 보노보는 암컷이 연대합니다.

침팬지와 보노보가 계통적으로 갈라진 것은 150만 년 전쯤이라고 알려져 있습니다. 침팬지 계통이 인류 계통과 갈라진 것이 500~800만 년 전에 일어난 일이니까 그보다 훨씬 뒤에 침팬지 내에서 계통이 갈라진 셈입니다. 인류의 처지에서 보면 둘 다 똑같은 사촌입니다. 보노보보다

암컷 연대를 이루는 보노보는 친화적인 성향을 보이고 사회적 협력을 우선시한다.

침팬지가 인류에게 더 가까운 것도 더 먼 것도 아닙니다. 침팬지와 인류가 가깝기 때문에 침팬지가 보이는 폭력성과 공격성이 인류에게 나타난다면, 보노보가 가지고 있는 특징 역시 인류에게 나타난다고 볼 수 있습니다. 사람만이 가지고 있다고 생각되던 폭력성, 살인 등은 침팬지에게서 보입니다. 마찬가지로 사람만이 가지고 있다고 생각되던 교감을 위한 섹스, 혈연을 넘어선 사회성 등은 보노보에게서 보입니다. 킬러 유인원 가설이 공격적이고 폭력적인 조상을 제시했다면, 평화롭고 사회적인 조상을 인류의 기원으로 보는 가설도 가능할까요? 브라이언 헤어Brian Hare와 버네스 우즈Vanessa Woods는 공저 『다정한 것이 살아남는다Survival of the Friendliest』(2020)에서 보노보 연구를 바탕으로 인류 진화의 동력을 자기 가축화와 사회적 협력에서 찾습니다.

물론 침팬지도 보노보도 인류의 직접적인 조상은 아닙니다. 인류가 500만 년의 역사를 가지고 지금의 모습으로 있는 만큼 침팬지와 보노보 역시 그들의 역사를 지나 지금의 모습으로 있습니다. 공격적이고 폭력적인 모습도, 평화적인 모습도 모두 인류 안에 있는 모습입니다.

뼈에 남은
칼자국

사람이 사람을 먹는다면? 동종포식은 왠지 끔찍하게 느껴집니다. 그런데 우리가 흔히 생각하는 것보다 많은 동물이 동종포식을 합니다. 그들은 일상의 먹거리를 동종에서 구하지는 않습니다. 어미 몸을 먹고 태어나는 새끼 뱀이나 교미 후 수컷을 잡아먹는 거미는 일상의 먹거리를 동종에서 구한다기보다는 새끼에게 자신의 몸을 먹이거나 새끼를 만들기 위해 자신의 몸을 대가로 제공한다는 면에서 자신의 유전자 번식에 도움이 되는 일을 하도록 진화한 것으로 볼 수 있습니다. 포유류에서도 동종포식이 있지만 역시 일상의 먹거리를 구하기보다는 특수한 상황에서 특별한 형태로 나타납니다. 예를 들면 사자나 침팬지에서 보이는 유아포식입니다. 새로운 집단에 들어간 수컷이 집단에 있던 유아들을 죽여서 먹음으로써 젖먹이가 없어진 암컷들이 다시 배란하여 임신할 수 있게 됩니다. 이때 죽는 새끼들은 쫓겨난 수컷의 자식입니다. 결국 자신의 번식에 도움이 되는 행위를 하는 현상이라고 볼 수 있습니다. 동물들이 동종과 싸우거나 으르는 경우가 많지만 그것은 자원과 짝을 놓고 경쟁할 때로 국한되는 행위입니다. 그럴 경우에도 서로 죽이는 경우는 흔치 않습니다. 결론적으로 말하면, 상습적으로 동종을 잡아먹는 종은 없습니다.

인류 역시 상습적으로 다른 사람의 몸을 먹는 경우는 없었습니다. 침팬지처럼 번식을 위한 유아포식도 하지 않습니다. 자신의 몸을 내주어서 아이가 태어나도록 하거나, 섹스한 다음 암컷에게 자신의 몸을 먹거리로 내주지도 않습니다. 인류의 동종포식은 번식을 위한 행위가 아닙니다. 하지만 인류도 동종포식을 합니다. 사람이 다른 사람을 먹는 행위는 극단적인 경우에만 이루어집니다. 극단적으로 먹을 것이 없을 때입니다(여기서 범법 행위나 병리적인 행위로 다루어지는 살인과 식인은 예외로 하겠습니다).

우리가 생각하는 식인종, 즉 멀쩡한 사람을 쫓아가서 죽이고 그 고기를 먹는 식인종은 존재하지 않지만 식인 행위는 인류의 역사상 꾸준히 나타납니다. 극심한 기근으로 굶주린 사람들이 다른 사람(특히 어린이)을 삶아 먹었다는 기록은 종종 볼 수 있습니다. 안데스산맥에서 조난 사고를 당한 페루의 축구팀은 먹을 것이 떨어지자 죽은 동료의 시체를 먹으면서 연명했습니다. 서부로 이주하는 대륙 횡단 중 시에라 네바다를 건너다가 조난으로 먹을 것이 떨어지자 죽은 동료의 시체를 먹으면서 연명한 조지 도너George Donner 일행의 이야기는 유명합니다. 이들의 이 야기에서 나타나는 공통점은 굶어 죽을 수도 있는 절박한 상황에서 다 른 사람을 먹었다는 것입니다.

생존을 위한 것이 아닌 의례 행위의 하나로 식인을 하는 경우도 심심 찮게 나타납니다. 신에게 사람을 바치고 희생물의 심장을 꺼내어 피를 먹었다는 기록은 여러 문화권에서 찾아볼 수 있습니다. 전쟁에서 이긴 쪽이 진 쪽의 몸을 먹음으로써 승리를 확인하거나 죽은 이의 몸을 먹음 으로써 죽은 이를 기리는 풍습도 있습니다. 파푸아뉴기니 포레Fore족의 장례 의식은 죽은 사람의 시신을 잘 갈무리해 부족 구성원들이 다 함께 나누어 먹는 것입니다. 아마존의 야노마모Yanomamo족 역시 죽은 이를 화장한 뒤 재를 죽에 섞어서 먹습니다. 이러한 장례 의식은 모두 죽은 이의 몸을 나눠 먹음으로써 죽은 이와 함께한다는 믿음에서 비롯된 것 입니다.

인류의 진화 역사에서 식인이 나타나기 시작한 것은 언제부터일까 요? 생존을 위한 식인이었을까요, 의례를 위한 식인이었을까요? 고인 류의 뼈에 새겨진 칼자국을 보고 식인 행위가 일어났을 것이라고 추측 하는 경우가 많지만 사실 식인의 흔적은 분명하게 밝혀내기 어렵습니 다. 식인의 흔적이라고 추정되었던 대표적인 사례는 중국 저우커우덴 에서 20세기 초에 발견된 고인류 호모 에렉투스의 화석입니다. '베이징 인Peking Man'으로 이름 붙여진 저우커우덴의 호모 에렉투스 화석 뼈는 머리뼈의 위쪽만 남아 있고 얼굴뼈는 거의 남아 있지 않았습니다. 또한 학자들은 목에서 머리로 연결되는 큰구멍(대두공, foramen magnum)이 거의 남아 있지 않고, 남아 있는 경우에도 구멍 주위가 깨져서 구멍의 모양이 제대로 남아 있지 않다는 점에 주목했습니다. 큰구멍은 머리뼈에서 척추로 이어지는 구멍으로, 그 구멍을 통해 척수와 두뇌가 연결됩니다. 두뇌를 꺼내려고 큰구멍을 깼다면 얼굴과 턱에서 접근해야 했을 것입니다. 얼굴뼈가 거의 남아 있지 않고 큰구멍이 깨진 현상은 식인 행위로 설명되었습니다. 호모 에렉투스는 큰구멍을 통해서 동족의 뇌를 꺼내 먹었을까요?

1939년에 이탈리아의 과타리Guattari 동굴에서 발견된 네안데르탈인의 머리뼈를 두고 식인의 증거라는 가설과 그렇지 않다는 가설이 팽팽히 맞서왔습니다. 앞의 저우커우뎬 호모 에렉투스와 마찬가지로 큰구멍에 원래의 구멍 크기보다 더 커진 흔적이 있기 때문입니다. 이를 식인의 흔적이라고 주장한 측에서는 이것이 고인류가 다른 고인류의 두뇌를 꺼내 먹으려고 구멍을 크게 만든 자국이라고 했고, 그에 맞서는 측에서는 동물들이 갉아 먹어서 난 이빨 자국이라고 했습니다. 문제의 과타리 동굴에서 적어도 아홉 개체의 네안데르탈인 화석이 발견될 때 다른 동물 뼈들도 발견되었습니다. 그리고 그 뼈들은 하나같이 모두 하이에나가 가져다가 갉아 먹은 것으로 밝혀졌습니다. 그렇다면 과타리 네안데르탈인의 머리뼈에 흔적을 남긴 것은 같은 네안데르탈인이 아니라 하이에나였을 가능성이 큽니다.

고기를 먹기 위해 뼈에 붙어 있는 살을 저몄다면 뼈에 칼자국이 남습

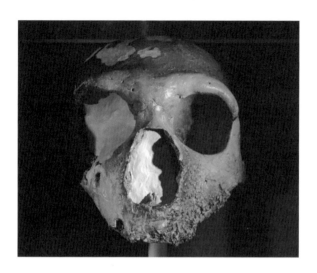

과타리에서 발견된 네안데르탈인 과타리 1호의 머리뼈 복제품. 당시에는 오른쪽 옆머리뼈와 광대뼈, 큰구멍의 손상이 식인 풍습과 관련된 것이라 추측했다.

니다. 하지만 모든 칼자국이 식인 행위의 증거인 것은 아닙니다. 어떤 경우는 장례 풍습으로 죽은 이의 뼈를 다듬은 결과이기도 합니다. 장례 풍습으로 죽은 이의 뼈를 다듬는 행위는 꽤 오래전부터 시작되었습니다. 크로아티아의 크라피나Krapina 유적은 1899년에 발견되어 20세기 초에 발굴된 동굴로, 12만 년 전 네안데르탈인이 살던 곳입니다. 이곳에서 발견된 수십 명의 네안데르탈인 화석 중에는 특히 젊은 여자와 아이들의 화석 뼈가 많았습니다. 뼈가 부서져 있고, 칼자국이 나 있고, 얼굴 부위가 거의 남아 있지 않기 때문에 처음에는 이 유물들이 식인 행위의 증거로 해석되었습니다. 게다가 무덤에 온전히 묻혔다면 팔다리 수가 맞아야 하는데 개수가 맞지 않았습니다. 그러나 크라피나 뼈에서 보이는 칼자국은 짐승을 잡아먹기 위해 칼로 손질한 흔적이 아니라 2차장처럼 장례를 위해 뼈를 세심히 손질한 자국이라는 주장이 크라피나가 발견된 지 거의 80년 후에 제기되었습니다. 2차장이란 죽은 사람을 가매장한 뒤 어느 정도 시간이 지나서 조직이 부패되어 손질이 용이해졌을 때 다시 뼈를 꺼내 손질한 후에 제대로 장례를 치르는 매장 문화입니다. 서로 잡아먹는 네안데르탈인의 모습과 장례를 치르면서 죽은 사람을 기리는 네안데르탈인의 모습 중 어떤 것이 실제 네안데르탈인의 모습이었을까요? 논란은 계속되었습니다.

도축을 위한 칼자국과 장례를 위한 칼자국을 구별하는 방법 중 하나는 칼자국을 낸 의도가 분명한 뼈를 분석해서 비교하는 것입니다. 도축을 위해 칼질을 했을 때 칼자국이 남는 부위는 장례를 위해 뼈를 다듬었을 때 칼자국이 남는 부위와 다릅니다. 한쪽은 고기를 저며내려는 의도이기 때문에 근육인 고기가 붙어 있는 부위에 칼자국이 나 있습니다. 2차장을 하기 위해 어느 정도 썩고 남은 조직을 깨끗하게 손질할 때는 뼈와 뼈 사이를 잇는 인대가 붙어 있을 부위에 칼자국이 나 있습니다. 사람을 먹으려는 의도를 가지고 도축한 유적은 없기 때문에(!) 다른 짐승을 도축한 흔적이 있는 유적에서 나온 뼈와 2차장으로 알려진 인골을 꼼꼼히 살펴서 이 두 경우의 칼자국을 비교합니다.

크라피나 유적의 네안데르탈인 화석에 남겨진 칼자국이 도축보다는 장례에 해당한다는 결론이 내려졌지만, 그렇다고 모든 네안데르탈인 화석에 남겨진 칼자국이 장례를 위한 것은 아닙니다. 1999년에 발표된 프랑스의 네안데르탈인 유적인 물라 게르시Moula Guercy 동굴에서는 장례가 아니라 식사를 위해 뼈를 칼로 손질한 흔적이 발견되었습니다. 동굴에서 네안데르탈인과 함께 발견된 사슴 뼈에 남겨진 칼날 흔적과 비슷한 양상으로 네안데르탈인의 뼈에 칼날 자국이 남아 있었습니다. 물라 게르시 동굴에서 발견된 고인류는 연대 측정 결과 12만 년 전의 네안데르탈인으로 밝혀졌습니다. 앞서 나온 크라피나 동굴의 네안데르탈인과 같은 시기입니다. 동굴에서 발견된 두 명의 어른, 두 명의 청소년 그리고 두 명의 아이 뼈에는 사슴 뼈와 똑같이 뼈를 자르고 긁어내고 깨뜨린 흔적이 남았습니다. 살을 저며 낸 흔적은 팔과 다리뼈는 물론이고 머리뼈와 턱뼈에도 남아 있었습니다.

물라 게르시 동굴에서 보인 식인 행위의 흔적에 대해서는 지난 20년 동안 논쟁이 이어졌습니다. 물라 게르시 동굴의 네안데르탈인 화석에서 보인 뼈 손질 흔적은 크라피나 네안데르탈인에게서 보이는 흔적과 달랐기 때문입니다. 물라 게르시에서는 사람의 치아 흔적이 분명하게 나 있는 손가락뼈도 발견되었습니다. 장례 의식이라고 볼 수 없다는 주장과 장례 의식이라는 주장이 팽팽히 맞섰습니다. 20세기 전반에 고인류의 식인 행위가 당연하게 받아들였던 것과 대조적으로 20세기 후반에는 고인류의 식인 행위가 인정받기 어려웠습니다.

이 논쟁 속에서 네안데르탈인의 식인 행위에 대한 배경을 밝혀낸 것이 고기후 연구입니다. 12만 년 전 남프랑스의 기후를 연구하면서 네안데르탈인에게 닥친 큰 시련이 알려졌습니다. 잘 알려졌듯이 네안데르탈인은 수만 년 동안 빙하 시대를 성공적으로 산 사람들입니다. 이들은 눈 덮인 계곡에서도 매머드나 순록처럼 큰 몸집의 동물을 사냥할 수 있었습니다. 빙하 시대에 몸집이 큰 동물을 사냥하기 위해서는 큰 몸집이 필요합니다. 네안데르탈인은 다부진 근육질 몸을 가지고 있었으며, 이를 지탱하기 위해 하루 평균 3,000~5,000칼로리 정도를 먹어야 했던 것으로 추정됩니다. 3,000~5,000칼로리는 프로 운동선수의 하루 필요 열량과 맞먹습니다.

이렇게 성공적으로 수렵 적응을 해오던 네안데르탈인에게 큰 시련이 닥친 것은 13만 년 전 기온이 잠깐 상승했던 무렵입니다. 이때 평균 기온은 현재보다도 섭씨 2도가량 높았습니다. 기온이 따뜻해졌는데 어째서 시련이 되었을까요? 광활한 초원 지대는 눈 깜짝할 새에 우거진 숲으로 변했습니다. 나무가 빽빽하게 들어찬 숲은 매머드같이 거대한 몸집의 동물보다는 토끼같이 작고 빠른 동물에게 유리했습니다. 네안데르탈인에게 고기를 제공했던 몸집 큰 동물들은 사라지고 말았습니다. 매머드 대신 토끼로는 턱없이 부족했을 것입니다.

네안데르탈인은 굶주림에 시달리게 되었습니다. 물라 게르시의 네안데르탈인 화석의 치아에는 성장기에 영양부족을 겪은 흔적이 보입니다. 굶주림 끝에 네안데르탈인이 선택한 방법은 같은 네안데르탈인을 먹는 일이었을지도 모릅니다. 현재까지 식인의 증거가 남아 있는 네안데르탈인의 유적은 스페인의 엘 시드론El Sidrón과 자파라야Zafarraya, 프랑스의 물라 게르시와 레 파드레이 그리고 벨기에의 고예Goyet 동굴입니다. 고예 동굴에서 발견된 네안데르탈인의 화석에는 같은 동굴에서 발견된 순록뼈와 말뼈에 남아 있는 칼자국과 똑같은 형태의 칼자국이 발견되었습니다. 삶과 죽음의 갈림길에서 죽은 동료를 먹어야만 살아남을 수 있었을까요?

빙하기는 유례없는 어려움을 가져왔습니다. 그 빙하기를 살아남지 못한 고인류 집단도 많습니다. 네안데르탈인이 호모 사피엔스에게 정복당했다는 주장도, 네안데르탈인의 인구가 줄어들어서 현생인류에 비해 수적으로 열세였기 때문에 절멸했다는 주장도 있지만 네안데르탈인의 인구가 줄어든 이유에는 열악한 환경이 있을 것입니다. 네안데르탈인의 출생률 저하로 절멸했다는 것도 어떤 면에서는 열악한 환경의 결과입니다. 출생률의 저하에는 환경이 큰 영향을 주기 때문입니다. 네안데르탈인뿐만이 아닙니다. 에티오피아의 헤르토Herto에서는 20만 년 전 최초의 호모 사피엔스로 알려진 고인류 화석이 발견되었습니다. 이들에게는 머리뼈에 섬세한 칼자국이 나 있습니다. 단지 머리뼈 속의 두뇌를 먹기 위해서뿐만 아니라 머리뼈를 바가지 모양으로 다듬어 냈다고밖에 볼 수 없는 칼자국입니다. 돌칼로 다듬은 흔적은 어른의 머리뼈에서도, 아이의 머리뼈에서도 보였습니다.

식인의 흔적에서는 다른 사람을 죽여서 신나게 먹는 희희낙락한 모습이 아니라 이것을 먹지 않으면 굶어 죽게 되는 극한적인 상황에서 절박한 마음으로 먹는 비장한 모습이 보입니다. 그리고 그렇게 해서라도 살아남았던 그들이 우리의 조상이 되었습니다.

머리가
작아도 돼

'크고 좋은 머리'는 사람이 사람 자신을 평가할 때 가장 자랑스럽게 내세우는 특징입니다. 사람의 유별나게 큰 머리는 사람에게만 유별나게 보이는 특징과 연결되어 왔습니다. 동굴에서 벽화를 그리고, 장신구를 만들어 몸에 지니고, 언어를 사용하고, 기하학 도형과 같은 상징적인 개념을 이해하고, 죽은 사람을 산 사람과 구별하여 묻어주는 일 등 호모 사피엔스에게서만 보이는 특징은 평균 1,400cc 정도의 머리 크기에서 나왔다고 생각되었습니다. 호모 사피엔스의 큰 머리가 완성되는 길을 시작한 호모 에렉투스 역시 900cc 정도 크기의 두뇌를 가지고 있었습니다. 이전 오스트랄로피테쿠스의 두뇌보다 2배가량 커진 상태로 시작했습니다. 호모 에렉투스는 고고학자들이 찬탄해 마지않는 아슐리안 주먹도끼를 만든 고인류입니다. 그런데 사람답게 큰 머리를 갖추어야만 사람다울 수 있다는 정설이 도전받고 있습니다. 훨씬 작은 머리를 가진 호모속 고인류가 계속 발견되고 있기 때문입니다.

2003년 인도네시아 플로레스Flores섬 량부아Liang Bua 동굴에서 발견된 화석은 특이했습니다. 사람이 성장하는 단계의 마지막에 등장하는 사랑니까지 모두 나온 것으로 보아 성장을 끝마친 어른 인골의 특징을 갖췄으나 키는 약 100센티미터 정도였습니다. 지금 현생인류로 치면 대여섯 살짜리 어린이 정도의 몸집입니다. 작은 몸집도 놀랍지만 그보다 더 충격적인 점은 두뇌 용량입니다. 량부아 화석의 두뇌 용량은 400cc 정도로, 손바닥 안에 쏙 들어올 만큼 작은 갓난아기의 두뇌와 비슷한 용량입니다. 혹은 다 자란 침팬지의 두뇌 용량과도 비슷합니다. 수만 년 전 인도네시아에서 등장한 작은 머리와 작은 몸집의 량부아 화석에는 호모 플로레시엔시스라는 새로운 종명이 붙여졌습니다. 이 정도의 몸집과 이 정도의 머리 크기를 가진 어른 고인류는 300~400만 년 전, 동아프리카에 등장했던 오스트랄로피테쿠스밖에는 없습니다. 간단하게 말하자면, 300~400만 년 전 동아프리카에서만 볼 수 있던 작은 머리, 작은 몸집의 고인류가 뜬금없이 (고인류학 시간으로 치면) 최근에 인도네시아에서 떡하니 출몰한 것입니다. 새로운 고인류 화석종이 발견되었을까요?

호모 플로레시엔시스는 작을 뿐만 아니라 생김새도 특이한 머리뼈와 몸집 뼈를 근거로 새로운 화석종으로 발표되었지만 학계는 조심스러운

호모 플로레시엔시스가 발견된 량부아 동굴.

입장을 취했습니다. 그도 그럴 것이 300~400만 년 전에 아프리카에서 등장했던 작은 머리, 작은 몸집의 오스트랄로피테쿠스속에 뒤이어 200만 년 전에 등장한 호모속은 머리가 커지고 몸집이 커지는 특징을 보였기 때문입니다. 처음에 발표된 량부아 화석의 연대는 1만 8,000년 전으로, 당시 이 땅에는 평균 1,450cc의 두뇌 용량을 가진 호모 사피엔스밖에 살지 않았습니다(현재 량부아 화석은 1만 8,000년이 아니라 6만 년 이상으로 연대가 올라가는 것으로 추정됩니다). 호모 사피엔스가 인도네시아를 포함하여 아프리카와 유라시아의 모든 곳에서 살던 시점에 갓난아기의 머리만큼 작은 머리를 가진 또 다른 인류종이 살고 있었다는 가설은 인류의 진화 역사를 뿌리째 뒤흔든다고도 할 수 있습니다. 하지만 머리뼈 단 한 점으

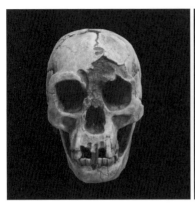

호모 플로레시엔시스 화석과 복원도.

로 판정할 수는 없었습니다.

량부아 화석이 발표되고 학계에서는 격렬한 논쟁이 시작되었습니다. 과연 량부아 화석이 호모 플로레시엔시스라는 새로운 종이었는지, 호모 사피엔스이지만 병적으로 작은 머리를 가지고 있는 개체였는지가 관건이었습니다. 호모 플로레시엔시스라는 새로운 종이 아니라는 학자들은 량부아가 가지고 있었을 병명을 찾아 발표하기 시작했습니다. 소두증이 거론되었습니다. 소두증은 유전이나 감염으로 인해 머리뼈와 두뇌가 작게 태어나는 병입니다. 량부아 화석이 소두증을 가지고 있었을 가능성에 대한 토론이 한창일 무렵인 2015∼2016년에는 지카 바이러스 감염으로 인해 소두증이 유행하기도 했습니다. 그러나 량부아 화석의 머리뼈는 소두증을 가지고 있는 머리뼈와는 다른 형태로 작기 때문에 소두증이라고 결론을 내릴 수는 없었습니다. 게다가 소두증을 보

인류의 진화

이는 머리뼈는 주로 어린이의 경우이며 성장을 끝마친 어른의 경우는 극히 드물었기 때문에 비교하기가 더더욱 힘들었습니다. 앞서 이야기 했듯이 량부아는 치아가 모두 나온 어른이기 때문입니다.

량부아가 특별한 병을 앓고 있던 호모 사피엔스가 아니라 호모 플로레시엔시스라는 새로운 종의 일원이라고 주장하는 학자들은 섬 왜소화 현상island dwarfism으로 머리와 몸집이 작아졌다는 가설을 세웠습니다. 인도네시아에서는 거의 200만 년 전부터 고인류의 흔적이 발견되었습니다. 자바인이 대표적인 예입니다. 인도네시아에 살던 호모 에렉투스 중 한 집단이 섬에 갇히게 되면서 섬 왜소화 현상으로 인해 몸과 머리가 작아졌고 6만 년 전의 작아진 모습의 새로운 종으로 진화했다는 가설을 세웠습니다. 섬이라는 특수한 환경에서는 섬 왜소화로 몸집이 작아진 코끼리가 발견되는 한편 섬 비대화로 몸집이 커진 쥐도 발견됩니다. 포식자가 없어진 환경에서 몸집이 커지는 종이 있는가 하면 어떤 종은 먹을 것이 줄어들어서 몸집이 작아지기도 하기 때문입니다.

인도네시아 곳곳에서 살던 호모 에렉투스 중 일부가 플로레스섬에 고립되어 섬 왜소화로 머리와 몸집이 작아진 새로운 화석종 호모 플로레시엔시스가 되었다면 그 시기는 공교롭게도 인도네시아 수마트라Sumatra의 토바Toba 화산이 폭발한 시기와 맞물리게 됩니다. 7만 5,000년 전에 일어난 토바 화산의 폭발은 인도네시아와 동남아시아뿐만 아니라 전 세계적으로 큰 영향을 끼쳤습니다. 화산재는 대기권에서 층을 이루고 막을 형성했습니다. 화산재가 만들어 낸 화산재층은 태양열을 막았습니다. 지표면에 도달하는 태양열이 줄어들어 온 세상은 춥고 어두운 겨울이 계속되었습니다. 토바 화산의 폭발은 지난 10만 년 동안 발생한 화산 폭발 중 가장 크다고 합니다. 혹자는 지난 200만 년 동안, 혹자는 지난 2,800만 년 동안 일어난 가장 큰 화산 폭발이라고도 합니다. 당시 화산 폭발로 생긴 분화구는 우주에서도 보인다고 합니다. 우리가 달의 분화구를 볼 수 있듯이 말입니다. 이렇게 어마어마한 폭발로 인해 환경도 엄청나게 바뀌었을 것이며 멸종한 동식물의 규모도 엄청날 것입니다.

토바 화산의 폭발은 아프리카 적도 지역 이외 구대륙 전체에 엄청난 파괴력을 발휘했습니다. 화산재가 뒤덮인 회색빛의 하늘 아래 간빙기가 끝나고 빙기가 시작된 이 세상은 춥기만 했습니다. 그동안 따뜻한 간빙기에 적응하며 쌓아 온 지혜는 새로운 잿빛 하늘의 추운 겨울날에 별로 소용이 없었겠지요. 그 결과 아프리카 적도 지역만 제외하고 전 세계 고인류 집단의 상당수가 절멸했다고 추정됩니다. 당시 북위 30도 이상의 유라시아에서는 다양한 고인류가 살고 있었습니다. 유럽에는 네안데르탈인이 있었고, 아시아에는 데니소바인과 고식 호모 사피엔스가 있었습니다.

토바 화산이 폭발한 결과 대다수의 고인류는 절멸하고 아프리카의 적도 지역에서 살아남았던 고인류 집단이 새로운 종, 호모 사피엔스의 기원이라고 보는 입장이 있습니다. 어떤 학자들은 이때의 화산재 겨울이 아프리카를 제외한 모든 지역의 인류 집단들을 절멸시키고 아프리카에서 현생인류가 새로운 종으로 출범하는 데 큰 영향을 끼쳤다고 봅니다. 그렇다면 아프리카에서 발생한 현생인류가 유라시아에 도착했을 즈음이면 고인류가 거의 남아 있지 않은 빈 지역이었을까요?

그러나 모두 죽지는 않았습니다. 어찌 되었든 인류는 살아남았습니다. 화산재가 뒤덮고 겨울이 계속되는 빙하기의 유라시아에서도 그 수는 적어졌지만 꿋꿋하게 견뎌낸 고인류가 있습니다. 량부아 동굴에서는 고인류 화석과 함께 석기도 발견되었습니다. 호모 사피엔스가 만들었다고는 보기 힘들 정도의 단순한 석기였지만 갓난아기의 두뇌 용량으로 석기를 만들어 사용했다는 점은 충분히 충격적입니다.

량부아 동굴에서 조금 떨어진 마타멩게Mata Menge 유적에서도 작은 몸집을 가진 고인류와 석기가 함께 발견되면서 호모 플로레시엔시스와 같이 작은 몸집은 예외적이 아니라는 점이 밝혀졌습니다. 그러나 마타멩게에서도 두개골은 발견되지 않았기 때문에 아직도 400cc 남짓한 작은 두뇌를 가진 화석 인류는 량부아에서만 기록됩니다. 량부아의 화석이 예외적인 개체의 특징이었는지 아니면 호모 플로레시엔시스라는 새로운 화석종의 일반적인 특징이었는지는 아직도 결론이 나지 않고 있습니다.

2007년부터 플로레스섬 근처인 필리핀 루손Luzon섬 카야오Callao 동굴에서는 고인류 화석이 발견되었습니다. 두뇌 용량이 어느 정도였는지 알 수 없지만, 남아 있는 뼈의 크기를 보면 루손섬의 고인류 또한 오스트랄로피테쿠스나 호모 플로레시엔시스처럼 작은 몸집이었던 것으로 추정됩니다. 6만 7,000년 전 루손섬에서 살았던 고인류는 새로운 종 호모 루소넨시스로 발표되었습니다. 이들이 새로운 종인지 아니면 플로레스섬의 고인류와 같은 종인 호모 플로레시엔시스인지 아니면 호모 사피엔스인지 아직 분명하지 않습니다. 새로운 화석이 발견되면 아무리 작은 뼈라도 새로운 특징을 찾아내어 새로운 화석종으로 발표하는 경우가 종종 있습니다. 과연 새로운 화석종인지 아니면 기존의 화석종에 편입될지는 좀 더 두고 봐야 알 것입니다.

새로운 화석종이든 아니든 고인류는 동남아시아 곳곳에서 발견되고 있습니다. 4만 5,000년 전의 동굴 벽화가 발견된 인도네시아 술라웨시섬 역시 플로레스섬처럼 가장 해수면이 낮았던 시기에도 섬으로 남아 있었던 곳입니다. 고인류가 걸어서 갈 수는 없었을 것입니다. 동남아시아 곳곳의 섬에서 살고 있던 작은 머리, 작은 몸집의 고인류가 석기를 만들고 벽화를 그려냈을까요?

플로레스의 고인류가 호모 플로레시엔시스인지에 대한 열띤 논쟁이 이루어지던 고인류학계는 2013년 남아프리카 디날레디Dinaledi 동굴에서의 새로운 발견으로 또 다른 논쟁을 시작할 준비를 해야 했습니다. 엎드려서 겨우 지나갈 정도의 좁은 통로와 급경사면을 타고 지나야 하는 깊은 동굴에서 수천 점의 고인류 화석이 발견되었습니다. 동굴 입구에서 100미터 가까이 떨어진 곳이었습니다. 평지에서도 기어가기가 힘든데 어깨 너비만큼 겨우 벌어진 틈새로 기어가는 일은 상상하기조차 힘든 일입니다.

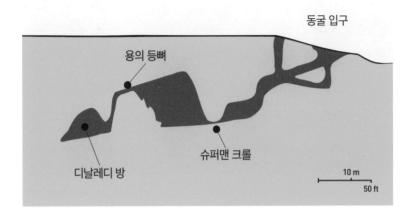

디날레디 동굴 단면.

안전모와 레일로 중무장하고 화석을 발굴하기 위해서 동굴로 들어가는 이들에게는 '지하의 우주인'이라는 별명이 붙여졌습니다. 대부분의 고인류 화석 발굴팀과는 달리 이 팀은 주로 박사 학위를 최근에 받은 젊은 여성학자들로 이루어졌습니다. 작은 몸집을 가지고 있어야 한다는 자격에 걸맞았던 이들이 목숨을 걸고 꺼내 온 고인류 화석에게는 호모 날레디라는 새로운 종명이 붙여졌습니다.

호모 날레디의 몸집은 작은 편입니다. 150센티미터에 살짝 못 미치는 키는 현생인류에서도 충분히 볼 수 있는 몸집입니다. 그러나 500cc 남짓한 두뇌 용량은 현생인류에서 볼 수 없습니다. 날레디의 연대는 아직 불확실하지만 30만 년 전에서 20만 년 전 사이로 추정됩니다. 이 정도의 몸집과 이 정도의 두뇌 용량과 이 정도의 연대가 조합을 이룬 예는

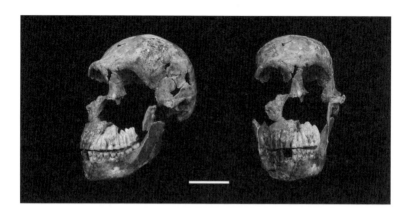

호모 날레디의 머리뼈 화석, 막대 눈금 5센티미터.

없었습니다. 비슷한 두뇌 용량을 가지고 있던 오스트랄로피테쿠스와 호모 하빌리스의 키는 100센티미터 남짓으로 추정되고, 생존했던 시기는 약 200만 년 전이었습니다. 호모 날레디가 생존했을 것으로 추정되는 시기에 존재했던 호모 에렉투스는 현생인류와 비슷한 몸집과 현생인류 두뇌 용량의 3분의 2 정도인 900~1,200cc 정도의 두뇌 용량을 가지고 있었습니다.

 가장 큰 논란이 되는 질문은 그 깊은 동굴에 쌓인 뼈들이 무덤의 흔적인가 아닌가 하는 것입니다. 리 버거를 비롯한 날레디 연구팀은 발견된 인골 화석이 사람 손에 의해 매장되었다고밖에 볼 수 없다고 주장했습니다. 디날레디 동굴에서 발견된 인골은 어른, 아이 등 다양한 연령대에 걸친 열다섯 개체분입니다. 그러나 이들이 매장되었다는 제안은 강한 의심에 부딪혔습니다. 우연히 동굴 안으로 기어 들어갔던 고인류 집단이 빠져나오지 못하고 죽음을 맞이했다는 설명이 제시되었습니다. 그렇지만 곧이어 가까운 레세디Lesedi 동굴에서도 세 개체분의 인골 화석이 발견되어 인위적인 매장의 가능성이 조금 높아졌습니다.

죽은 자에 대한 특별한 행위인 매장은 호모 사피엔스 크기의 두뇌를 가지고 있는 호모 사피엔스만이 가능한, 호모 사피엔스에게 독특한 행위로 여겨져 왔습니다. 겨우 500cc 용량의 머리를 가지고 있던 호모 날레디가 호모 에렉투스의 2분의 1가량, 호모 사피엔스의 3분의 1가량 크기의 두뇌로 깊은 동굴까지 주검을 가지고 가서 매장했다는 주장을 학계가 받아들이기에는 너무 충격적이었습니다.

작은 몸집과 작은 머리의 고인류는 우리가 여태껏 생각해 왔던 인류의 다양성에 대해 다시 생각하게끔 합니다. 작은 머리로 석기를 만들어 쓰고, 죽은 사람을 매장하고, 벽화를 그릴 수 있을까요? 이 질문에 대한 20세기의 답은 결단코 '아니요'였습니다. 고인류학계 대부분이 받아들인 정설에 따르면 벽화와 같이 고도의 인지 능력이 있어야 하는 행위는 호모 사피엔스의 특유하고 독특한 행위였기 때문에 당연히 '호모 사피엔스급의 몸과 머리'를 가지고 있어야 했습니다.

그런데 말입니다. 머리가 커야만 가능하다고 생각되던 추상적 사고, 창의력, 복잡한 도구의 제작, 예술 등이 작은 머리로도 가능하다면 도대체 큰 머리의 역할은 무엇일까요? 머리가 커야만 가능하다고 생각되던 일이 작은 머리로도 가능하다는 발견은 새로운 질문을 만듭니다. 인류의 큰 머리가 생물학적으로 특별한 것은 분명합니다. 맹장처럼 이전 기능을 상실하고 이제는 있으나 마나 한 존재라고 하기에는 큰 머리가 너무 대단합니다. 사람처럼 큰 머리를 만들기는 쉽지 않습니다. 큰 머리를 만들고 유지하려면 엄청난 양의 에너지가 필요합니다. 그런데 인류의 머리가 커지는 것은 수백만 년 동안 지속된 경향 중 하나입니다. 그동안 환경은 점점 척박해져 갔습니다. 큰 머리를 만드는 데 들어가는 엄청난 양의 에너지를 빙하기의 척박한 환경에서 확보해야 했습니다. 큰 머리를 가지고 있는 아기를 출산하는 과정은 지극히 힘들며, 목숨까지 걸어야 하는 경우가 많았습니다. 큰 머리를 돌리기 위해서는 엄청난 에너지를 써야 합니다. 큰 머리는 심지어 쉬고 있는 동안에도 기초대사량의 상당 부분을 차지합니다. 이렇게 제작비와 유지비가 엄청난 비싼 장기를 빙하기라는 힘든 환경에서 계속 유지할 만큼 중요한 두뇌는 어떤 기능을 했을까요? 도구를 만들고 예술 활동을 하고 고도의 인지 기능을 수행하기 위해 큰 머리가 필요한 것이 아니라면, 큰 머리는 어떤 기능을 하는 것일까요?

생물학적인 적응으로 쉽게 설명이 안 되는 특징은 다윈의 성선택으로 설명되어 왔습니다. 가장 유명한 예는 공작새 수컷의 꼬리입니다. 공작새의 화려한 꼬리는 공작새가 살아가는 데 별 이득이 안 됩니다. 빨리 날거나 먹이를 찾는 데 도움이 되지 않습니다. 오히려 화려한 꼬리 덕분에 포식자의 눈에 훨씬 더 잘 띄었겠지요? 다윈의 성선택은 이렇게 삶에 도움이 되지 않는 형질의 진화는 짝짓기에서 선택되었기 때문이라고 봅니다. 공작새 수컷의 화려한 꼬리를 공작새 암컷이 좋아해서 선택했기 때문이라는 설명입니다. 인류의 머리가 큰 이유를 성선택으로 설명하고 싶을지도 모릅니다. 하지만 성선택으로 설명될 만큼 남자와 여자의 머리 크기가 다르지 않습니다. 공작새 수컷과 암컷의 꼬리에서 보이는 차이와는 비교도 되지 않습니다.

심리학자 로빈 던바Robin Dunbar는 사회적 두뇌 가설을 주장합니다. 사회적인 동물일수록 머리가 크다는 내용입니다. 사람의 머리는 부피가 클 뿐만 아니라 그 안을 채우는 뇌세포가 쭈글쭈글한 주름을 이루면서 표면적을 최대한 늘렸습니다. 지극히 사회적인 동물인 사람이 서로에 대한 정보와, 서로 맺고 있는 관계에 대한 정보를 저장하고 꺼내 쓰는 장기로서 큰 두뇌가 진화했다는 가설은 상당한 설득력이 있습니다. 그렇다면 두뇌가 작은 고인류 집단은 복잡한 사회연결망이 없었다는 뜻일지도 모릅니다.

사람의 큰 두뇌를 생물학적으로 연구하는 시도는 계속되고 있습니다. 사람 두뇌와 다른 동물 두뇌를 비교하여 사람에게만 존재하는 조직, 단백질, 유전자를 찾는 노력은 계속되고 있습니다. 언젠가는 큰 두뇌도 설명되기를 기대해 봅니다.

우리는 지금 큰 머리와 지혜, 문화를 하나로 묶어 생각해 왔던 관념이 해체되는 시점에 서 있습니다. 사람다운 지혜와 문화를 만들어 낸 사람다운 머리는 큰 머리가 아니라 독특한 구조를 가지고 있는 머리라는 가설이 힘을 받고 있습니다. 우리는 다양성에 대해 많은 이야기를 하지만 막상 다양한 인류를 받아들일 준비는 되어 있지 않았던 것 같습니다. 그

머리가 작아도 뇌

러나 우리가 준비되어 있든 아니든 간에, 다양한 인류는 불쑥불쑥 나타나서 깔끔한 화살표와 도표로 정리되었던 인류의 모습을 복잡하게 만듭니다. 이 복잡한 그림이 21세기 인류학계에 그려지고 있는 새로운 그림입니다.

20세기에는 500만 년 전에 시작한 인류 계통이, 200만 년 전에 시작한 호모속이 적어도 두뇌 용량에서는 꾸준히 증가했다고 이야기할 수 있었습니다. 21세기 우리가 이제 주목해야 할 것은 호모속이 보여주는 두뇌 용량의 증가가 아니라 다양성의 증가입니다. 우리에게 앞으로 필요한 것은 새로운 발견만이 아닙니다. 새로운 발견이 만들어 가는 새로운 그림을 바라보는 프레임의 전환이 함께 요구되고 있습니다.

또!
네안데르탈인

1856년 독일의 네안데르탈 계곡에서 이상하게 생긴 머리뼈가 발견되었습니다. 이마는 납작했으며, 눈썹뼈는 두껍고 튀어나왔습니다. 둥그런 축구공처럼 생긴 사람의 머리뼈와는 달리 납작한 럭비공처럼 생긴 머리뼈였습니다. 사람인 것 같으면서도 사람이라고 하기에는 너무 이상하게 생긴 머리뼈를 본 전문가는 나폴레옹 전쟁 당시 저 멀리 러시아에서 온 코사크족Cossack 병사가 몇 번의 겨울을 견디면서 구루병에 걸려 죽은 유골이라는 판정을 내렸습니다. 비타민 D 결핍으로 인해 구루병에 걸리면 뼈 발육에 장애가 발생하기 때문입니다.

이때는 무려 찰스 다윈Charles Darwin의 역작 『종의 기원On the Origin of Species』(1859)이 발표되기도 전이었습니다. 생물종이 멸종할 수도 있고 멸망한 종이 화석으로 남기도 하며 심지어 사람에게도 멸종한 친척 종이 있었다는 생각이 널리 받아들여지기 이전의 일이었습니다. 이 이상한 뼈가 사람의 것이 아니라 사람의 조상의 것으로, 멸종되어 더 이상 존재하지 않는 종의 뼈라는 생각은 도저히 할 수 없었습니다.

『종의 기원』이 발표되고 사람이라는 종에게도 시작점이 있었으며 그 시작점 이전에는 사람의 조상이지만 지금은 멸종한 화석종이 있었다는 생각이 퍼지면서, 네안데르탈 계곡에서 발견되었던 코사크족 구루병 환자의 머리뼈가 다시 주목받았습니다. 그리고 멸종한 사람의 조상종 이라는 가능성이 제시되었습니다. 멸종된 조상종이라는 개념은 지금은 자연스럽게 받아들이지만 19세기 유럽만 하더라도 혁신적인 생각이었 습니다. 사실은 네안데르탈 계곡에서 발견된 머리뼈와 비슷하게 생긴 화석이 유럽 곳곳에서 발견되고 있었습니다. 벨기에의 스피Spy, 스페 인의 지브롤터Gibraltar에서 발견된 화석도 네안데르탈 계곡에서 발견 된 머리뼈와 비슷한 형태였습니다. 이들 역시 다윈의 책이 발표되기 전 에 발견된 머리뼈였습니다. 이들에게 네안데르탈인이라는 이름이 붙여 지고 호모 네안데르탈렌시스*Homo neanderthalensis*라는 학명이 부여되 었습니다. 인류의 진화 역사에서 가장 유명한 화석종이 탄생한 순간입 니다.

네안데르탈인은 처음부터 고인류학에서 가장 많은 관심을 받은 화석 종입니다. 진화론이 자리 잡기 이전부터 관심을 받은 네안데르탈인에 대한 연구는 지금도 왕성하게 이루어지고 있습니다. 새로운 화석이 발견되고 있을 뿐만 아니라 기존에 발견된 화석에 대한 새로운 분석도 활발합니다. 네안데르탈인에 대해 우리가 모두 알고 있다고 생각하는 순간, 새로운 연구가 발표되어 기존의 관념을 다시 생각하게 만듭니다.

네안데르탈인은 사람의 조상종으로 지금은 멸종된 화석종이라는 생각과 함께 이들이 현생인류인 호모 사피엔스와 어떤 관계에 있었는지에 대한 연구와 논란이 시작되었습니다. 이들은 호모 사피엔스의 직계 조상이었을까요, 아니면 호모 사피엔스와 공통 조상을 가진 별개의 종이었을까요?

멸종한 화석종이 현생종과 어떤 관계가 있는지를 알아내기 위해서는 두 종을 서로 비교하여 비슷한 점과 다른 점을 파악해 나가야 합니다. 만약 이들이 조상-후손의 관계였다면 유전적으로 연결되었으니 서로 비슷한 형질이 많이 나타날 것이지만, 그게 아니라면 유전적으로 끊어져 있을 테니 서로 다른 점이 많이 관찰될 것입니다.

네안데르탈인이 현생인류와 다르게 생겼다는 점에 대해서는 모두 동의했습니다. 이때 네안데르탈인과 비교되는 현생인류는 같은 유럽에서 발견된 크로마뇽인Cro-Magnon man이었습니다. 크로마뇽인은 프랑스의 동굴 유적에서 1868년에 발견되어 현생인류의 대표적인 표본이 되었습니다. 1만 년에서 3만 5,000년 전으로 추정되는 연대는 네안데르탈인의 연대와 비슷하다고 여겨졌습니다. 비슷한 시기의 네안데르탈인이 가지고 있던 특징인 뒤로 젖혀진 낮은 이마, 튀어나온 뒤통수, 튀어나온 눈썹뼈, 크고 넓은 코는 크로마뇽인의 훤칠하고 높은 이마와 좁고 높은

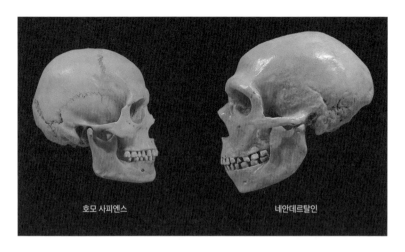

클리블랜드 자연사 박물관의 호모 사피엔스와 네안데르탈인 머리뼈 비교 모형.

코와 대조되었습니다. 1910년 프랑스 파리의 신문 기사 삽화에서 표현한 네안데르탈인은 등이 구부정하고 털이 북실북실하고 입을 반쯤 벌린 모습입니다. 크로마뇽인으로 대표되는 호모 사피엔스의 조상은 네안데르탈인이 아니라 1914년에 발견된 필트다운인이라는 주장은 설득력이 있었습니다. 필트다운인은 그야말로 똑똑하고 힘센 고인류의 모습으로, 우리 현생인류의 조상이라고 인정할 만했습니다.

하지만 필트다운인은 가짜라는 것이 밝혀졌습니다. 필트다운인의 자리에는 대신 네안데르탈인이 들어서서 인류의 조상이 되었습니다. 인류는 호모 에렉투스와 네안데르탈인의 단계를 거쳐 호모 사피엔스가 되었다는 단계론적 진화론이 정설이 되었습니다. 네안데르탈인은 유럽의 고유한 고인류가 아니라 인류 전체가 거쳐온 단계가 되었습니다. 유

1909년 체코의 화가 프란티섹 쿠프카František Kupka가 당시 학계에서 받아들여지던 네안데르탈인의 상을 토대로 그린 그림.

인원처럼 생긴 조상에서 시작하여 현재 보이는 사람의 모습에 이르기까지 점점 지금의 모습에 가까워졌다는 단선 진화론의 입장에서 네안데르탈인은 사람이 되어가는 길의 중간 과정이었습니다.

　그러나 인류 진화의 그림은 그리 단순하지 않았습니다. 하나의 종에서 두 개의 종으로 분화한다는 계통수 진화론의 입장에서 본다면 네안데르탈인이 인류의 직계 조상인 본가지인지, 후손을 남기지 않고 사라진 곁가지인지가 관건이 됩니다. 점점 더 많은 화석이 발견되면서 현생인류와 분명하게 구분되는 듯했던 네안데르탈인의 특징은 초기 호모 사피엔스의 특징과 겹치는 부분이 많다는 것이 밝혀졌습니다. 네안데르탈인과 호모 사피엔스 간에 겹치는 특징에 중점을 두는 학자들은 연

비엔나 자연사 박물관의 네안데르탈인 아이 모형.

계설을 주장하고, 서로 다른 점에 주목한 학자들은 대체설을 주장했습니다. 그러나 1990년대에는 네안데르탈인이 현생인류에게 아무런 유전자를 남기지 않은 채 멸종한 화석종이라는 입장이 강력한 가설로 지지받았습니다. 크로마뇽인과 네안데르탈인이 공생과 경쟁 관계에 있다가 경쟁에 패배한 네안데르탈인 집단이 멸종하고 크로마뇽인이 남아 현생인류로 이어졌다는 것입니다. 네안데르탈인은 '곁가지'라는 판정을 받은 셈입니다.

하지만 21세기가 되고 네안데르탈인 화석에서 유전자를 직접 추출하여 분석한 결과, 소량의 네안데르탈인 유전자가 현생인류에게 남아 있다는 것이 확인되었습니다. 이로써 적어도 네안데르탈인과 현생인류 사이에는 유전자 교환이 이루어졌다는 것이 정설로 받아들여졌습니다. 그렇다고 해서 네안데르탈인이 호모 사피엔스의 조상인지에 대한 논란이 끝난 것은 아닙니다. 유전자 교환이 이루어지면 같은 계통이라고 본다는 입장과 서로 다른 계통끼리도 유전자 교환이 이루어진다는 입장이 아직도 팽팽히 맞서고 있습니다. 현대인에게 남아 있는 네안데르탈의 유전자가 무시할 정도로 극히 소량이기 때문에 네안데르탈인을 조상으로 인정할 수 없다는 입장과 소량이라도 유전자를 교환할 수 있었기 때문에 조상이라고 봐야 한다는 입장이 갈리고 있는 것입니다.

네안데르탈인이 호모 사피엔스의 조상이냐 아니냐의 논란은 더 이상 의미 없는 질문일지도 모릅니다. 21세기에 밝혀진 팩트는 우리 안에 네안데르탈인의 유전자가 남아 있다는 것입니다. 최근의 연구는 그렇게 남아 있는 유전자에 대한 이해를 돕고 있습니다. 도대체 어떤 유전자가 남아 있을까요?

중립이론에 따르면 유전자 중 대부분은 아무런 역할을 하지 않습니다. 그렇다면 호모 사피엔스에 들어온 네안데르탈인의 유전자 역시 대부분은 아무런 역할을 하지 않을 것입니다. 그러나 그중 작은 비율이지만 중립적이지 않은 유전자는 흥미롭습니다. 중립적이지 않다면 선택의 영향을 받았다는 뜻이고 유익하거나 유해했다는 뜻입니다.

네안데르탈인의 유전자 중 유해한 경우는 사라졌을 것입니다. 호모 사피엔스의 유전체 중 어떤 부분에서는 이상하리만큼 네안데르탈인의 유전자가 발견되지 않는다면, 아마도 유해했기 때문에 선택에 의해 사라졌다고 추정합니다. 가령 뇌와 고환에서 발현하는 유전자 중에는 네안데르탈인의 유전자가 거의 없습니다.

한편 도드라지게 발견되는 네안데르탈인의 유전자도 있습니다. 여기에는 자외선에 반응하는 유전자, 피부색, 눈동자색 그리고 주근깨에 관련하는 유전자가 해당됩니다. 영화에서 그려지는 네안데르탈인은 검은 머리에 어두운 피부색을 가지고 있는 경우가 많습니다. 진 아우얼Jean M. Auel의 소설『대지의 아이들 1부: 동굴곰족The Clan of the Cave Bears』(1980)은 고아가 된 호모 사피엔스 여자아이를 네안데르탈인들이 거두어 기르는 내용을 다룹니다. 이 소설은 1986년에 같은 제목의 영화로도 만들어졌는데, 영화에서 금발과 푸른 눈을 가진 것은 호모 사피엔스 여자가 유일합니다. 그런데 사실은 네안데르탈인들이 바로 유럽인의 대표적인 특징이라고 여겨졌던 푸른 눈, 금발, 적발을 가지고 있었다니 아이로니컬합니다.

놀라운 발견은 유전학 분야에서만 이루어지지 않았습니다. 쌓이는 화석 연구에서는 네안데르탈인의 다양성이 드러나고 있습니다. 네안데르탈인은 동물성 단백질과 지방질 위주의 식생활을 한 것으로 유명합니다. 육식동물과 초식동물은 치아에 쌓이는 질소 동위원소의 프로필이 다르기 때문에 치아에서 질소를 추출하여 분석하면 어떤 음식을 먹었는지 추정할 수 있습니다. 네안데르탈인의 치아에서 추출한 질소 동위원소를 분석하면 육식동물인 하이에나와 비슷한 정도의 질소 동위원소 신호를 보입니다.

네안데르탈인의 고기 사랑은 이누이트('에스키모'라는 이름으로 알려졌지만 그 이름은 혐오성 명칭이기 때문에 현재는 사용되지 않습니다)에 버금갈 정도입니다. 빙하기 유럽에서 살던 네안데르탈인이 북극권에서 살고 있는 이누이트와 비슷한 식생활을 했으리라는 것은 충분히 미루어 짐작할 수 있습니다. 고인류학자 팻 시프먼Pat Shipman은 저서 『침입자들The Invaders』(2015)에서 뛰어난 사냥기술을 가지고 있는 네안데르탈인과 경쟁했어야 하는 호모 사피엔스는 개와 연대해서 합동 전략을 펼쳐 겨우 살아남을 수 있었다고 주장합니다.

그런데 스페인, 이탈리아 등 남유럽까지 확산된 지역에서 발견되는 네안데르탈인 화석은 네안데르탈인의 다양한 모습을 보여줍니다. 남유럽에서 발견된 네안데르탈인은 육식만 한 것이 아니라 채식도 충분히 했다는 점이 밝혀졌습니다. 어떤 경우에는 동물성 먹거리를 거의 섭취하지 않았을 정도입니다. 이 사실을 알아낸 과정도 재미있습니다. 통상적으로 인골을 발굴하면 깨끗하게 손질한 후에 분석하게 됩니다. 물론 치아도 포함됩니다. 1990년대까지만 해도 치아를 깨끗하게 닦아서 손질했습니다. 치석도 당연히 닦아냈습니다. 칫솔을 사용해서 깨끗하게 솔질한 다음 드러난 치아의 모양을 관찰한 것이지요. 그런데 그렇게 닦아낸 치석에 중요한 단서가 있었습니다. 보다 정확하게 이야기하면, 치석에서 정보를 추출할 수 있는 방법이 그동안 개발된 것입니다. 고인류학 연구자층이 넓어지면서 이전에는 버렸던(?) 자료에서 중요한 정보를 추출하기 시작했습니다. 치석도 그중 하나로 중요한 자료를 제공하게 되었습니다.

스페인의 엘 시드론 동굴에서 발견된 네안데르탈인의 치석을 분석한 결과 의외의 사실이 밝혀졌습니다. 치석에 있는 자료를 분석해 보니 버섯, 잣, 이끼 등 다양한 식물성 먹거리의 DNA가 발견된 것입니다. 물론 동물성 위주의 식생활을 했던 네안데르탈인의 치석 자료도 풍부합니다. 벨기에의 스피 네안데르탈인의 치석을 분석한 결과 이들이 예상대로 동물성 단백질 위주의 식생활을 했다는 것이 확인되었습니다.

그러면 같은 유럽에서 살면서도 스피 네안데르탈인은 동물성 식생활을, 엘 시드론 네안데르탈인은 식물성 식생활을 했다는 것으로 단순하게 결론을 내리면 될까요? 그보다는 각 네안데르탈인 집단의 구성원이 모두 똑같은 식생활을 하지는 않았다는 결론에 더 설득력이 있습니다. 스페인의 엘살트El Salt 동굴에 남겨진 네안데르탈인의 똥 화석을 분석한 결과 어떤 네안데르탈인은 채식 위주로, 어떤 네안데르탈인은 육식 위주로 먹었다는 것을 알 수 있었습니다. (적어도 그날 하루만큼은) 같은 집단에 속한 네안데르탈인이라도 서로 다른 식생활을 했을 가능성이 충분하다는 것은 이들이 먹거리에 서로 다른 취향 내지는 다양성을 가지고 있었을 가능성을 시사합니다.

알고 보니 동물성 단백질과 지방으로만 식단을 꾸리는 것으로 유명했던 이누이트 역시 심층적인 연구 결과 의외로 다양한 식생활을 했음이 드러났습니다. 예를 들어 생고기나 즉시 냉동된 생선에서는 상당한 양의 탄수화물을 섭취할 수 있기 때문에 생각보다 균형 잡힌 식생활을 했습니다(물론 21세기의 이누이트는 전통적인 식습관과는 멀리 떨어진 현대적인 식생활을 하고 있습니다). 네안데르탈인 역시 이제까지 우리가 생각했던 것보다 훨씬 균형 잡힌 식생활을 했다는 사실은 그들이 그만큼 사람다웠을 가능성을 보여줍니다.

네안데르탈인의 두뇌 용량은 현생인류보다 큽니다. 두뇌 용량의 증가는 물론 인류 진화 전반적으로 보이는 특징입니다. 그리고 큰 두뇌 용량은 일반적으로 우수한 인지 능력과 연관됩니다. 그렇지만 네안데르탈인의 두뇌 용량이 크다고 해서 현생인류보다 더 똑똑하다는 결론을 내릴 수는 없었습니다. 그래서 네안데르탈인의 큰 두뇌는 달리 해석되었습니다. 두뇌 용량은 크지만 두뇌 세포가 현생인류처럼 촘촘하고 빼곡하게 배열되어 있지 않기 때문에 막상 인지 능력은 현생인류보다 못하다는 해석이 대두되었습니다. 큰 두뇌 용량은 추운 지방에서 살기 위한 적응이라는 해석도 나왔습니다. 또한 발견된 네안데르탈인이 주로 (평균적으로 몸집과 머리가 큰) 남자이었기 때문에 두뇌 용량이 큰 것으로 관찰된다고 해석하기도 합니다. 모두 하나하나 설득력이 있고 가능성이 없지는 않은 해석입니다. 문제는 이러한 설명이 네안데르탈인이 현생인류보다 '못하다'는 전제를 결론으로 받아들인 다음에 제시되었다는 것입니다.

네안데르탈인이 뒤떨어진 인지 능력을 가지고 있다는 가정은 많은 연구에 의해 도전받고 있습니다. 네안데르탈인은 벽화를 그렸습니다.

맹금류를 사냥하여 발톱으로 장신구를 만들어 몸에 걸쳤습니다. 죽음을 슬퍼하고 죽은 이를 위해 장례를 치렀습니다. 꽃잎을 뿌리면서 죽은 이를 애도했습니다. 사슴 발가락뼈에 기하학적인 문양을 새겼습니다. 이 모두가 불과 얼마 전까지만 해도 네안데르탈인은 할 수 없고 현생인류만 할 수 있다고 생각했던 행위입니다.

2022년에 발표된 논문에서는 시베리아의 두 동굴에서 추출한 고유전체古遺傳體가 밝혀준 네안데르탈인의 첫 가족이 소개되었습니다. 시베리아의 오클라드니코프Okladnikov 동굴과 차기르스카야Chagyrskaya 동굴입니다. 이 중 차기르스카야 동굴에서는 80개체 이상의 네안데르탈인 화석이 발견되었습니다. 이 중 17개체의 유전체, 미토콘드리아, Y염색체를 분석했습니다. 13개체의 뼈와 치아도 분석할 수 있었습니다. 5만 4,000년 전에 살았던 네안데르탈인 집단은 10~20명 남짓한 규모입니다. 그들은 혈연으로 이어진 친족집단이었으며, 그중에는 아버지와 딸도 있었습니다. 이들이 부녀지간인지 어떻게 알았을까요? 유전체 중 서로 반을 공유하는 남자와 여자가 있었습니다. 유전자의 반을 함께하는 여자와 남자라면 남매이거나 부녀지간이거나 모자지간이겠지요? 이들이 부녀지간이었다는 것은 미토콘드리아에서 나타났습니다. 이들이 같은 엄마를 둔 남매지간이었다면 미토콘드리아가 똑같았을 것입니다. 그러나 부녀지간이었기 때문에 미토콘드리아가 서로 달랐습니다. 또한 한 다리 건넌 사이도 있었습니다. 소년과 사촌, 이모-고모 혹은 할머니였을 것입니다.

이들의 유전자 정보는 이들의 삶을 엿볼 수 있게 해줍니다. 무엇보다 유전적인 다양성이 낮았습니다. 전 세계를 아우르고 있는 현생인류보다는 멸종 위기에 부닥친 고릴라의 유전자와 엇비슷한 정도의 다양성이었습니다. 그렇지만 10~20명으로 이루어진 집단 안에서도 서로 다른 길을 걷고 있는 사람들을 발견했습니다. 예를 들어 Y염색체보다 미토콘드리아 유전자에서 보이는 다양성이 컸습니다. 남자들보다 여자들이 다양한 곳에서 왔다는 뜻입니다. 남자들보다 여자들이 이동했다는 것을 알 수 있습니다. 하지만 근처에서 2만 년 전까지도 살고 있던 데니소바인보다는, 비슷한 시기에 유럽 반대쪽에서 살고 있던 네안데르탈인과 더 비슷했습니다. 이제 네안데르탈인에 대한 연구는 대표적인 머리뼈 몇 개를 놓고 또 다른 고인류 화석종과 비교하는 차원에서 한 걸음 나아가 하나의 집단을 이루는 개개인에 대한 연구로 발전하고 있습니다.

네안데르탈인에 대한 연구가 점점 진행되면서 우리가 바라보는 네안데르탈인의 모습도 그에 따라 변화해 왔습니다. 단순히 이랬다 저랬다 하는 게 아니라 단편적으로 해석할 수 없는 다양하고 입체적인 모습을 보여주고 있는 것입니다. 그런 점에서 네안데르탈인은 지극히 '사람다운' 고인류 종이었습니다.

상상의 고인류,
데니소바인

2010년 4월, 시베리아의 데니소바Denisova 동굴에서 발견된 여자아이의 새끼손가락 화석에서 추출한 미토콘드리아 유전체genome에 대한 논문이 세계적인 학술지인 《네이처Nature》에 실렸습니다. 이 손가락의 주인은 성장판이 아직 닫히지 않은 예닐곱 살 정도의 여자아이로, 약 5만 년 전에 살았던 고인류입니다. 맨눈으로 봐서는 사람 뼈인지 다른 동물 뼈인지 확인조차 어려운 뼛조각에서 DNA를 추출하여 분석한 이 논문에 대해 고인류학계는 반응을 유보했습니다. 고인류학은 전통적으로 고인류 화석을 중심으로 하는 학문인 데다 화석 중에서도 머리뼈가 있어야 제대로 대접받습니다. 새끼손가락 뼈에서 추출한 고유전자에 대한 논문에 큰 반응이 없었던 것도 어쩌면 당연한 일이었습니다.

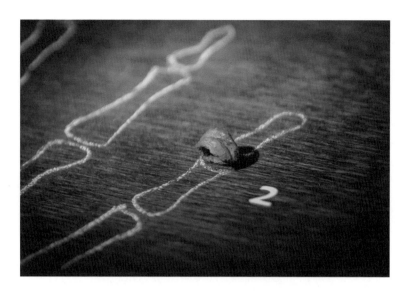

데니소바 동굴에서 발견된 여자아이의 새끼손가락 뼈 복제품.

같은 해 5월에는 네안데르탈인 화석에서 추출한 유전체를 분석한 결과 네안데르탈인과 현생인류 사이에 유전자 교류가 있었다는 발견이 《사이언스Science》에 실렸습니다. 고인류학계의 관심은 온통 네안데르탈인의 유전체로 집중되었습니다. 1990년부터 적어도 20년 동안 유전학계에서는 네안데르탈인과 현생인류 사이에 유전적인 교류가 없었다는 것이 중론이었습니다. 현생인류가 아프리카에서 기원한 완전히 다른 종이었기 때문에 아프리카를 제외한 다른 지역에서 살고 있었던 고인류 집단과는 어떤 관계도 맺지 않았다고 본 것입니다. 그런데 현생인류에게 네안데르탈인의 유전자가 발견되었다는 사실은 그때까지의 관점을 뒤집어 버릴 정도의 큰 사건이었습니다.

고인류학에서 연구가 가장 많이 이뤄진 인류 집단인 네안데르탈인에 대한 관심과 열정은 어떤 면에서는 고인류학계의 주류인 서유럽계 학자들의 관심과 열정이기도 합니다. 뜨거운 연구 과제인 현생인류의 기원은 유럽의 네안데르탈인이 유럽의 현생인류에게 조상이 되었는지가 관건이었습니다. 그러면 유럽에서 네안데르탈인과 현생인류가 살던 무렵 유럽 이외의 세계에서는 어떤 일이 일어나고 있었을까요?

고인류학자들은 네안데르탈인이 유럽을 누비고 다닐 무렵 아시아와 아프리카에서도 네안데르탈인이 살고 있었는지 궁금해했습니다. 현생인류가 등장하던 무렵에 이 세상에서 살고 있던 고인류는 유럽의 네안데르탈인뿐이었을까요? 그렇지는 않았겠지만 네안데르탈인 외에 뚜렷하게 존재감을 나타내는 고인류는 없었습니다. 일단 자료가 많지 않았습니다. 유럽에만 자료가 많은 이유는 유럽에서만 고인류가 살았기 때문일 수도 있습니다. 200만 년 동안 계속되는 빙기와 간빙기의 순환과 척박한 환경에 적응하지 못한 인류는 아프리카와 아시아에서 점점 사라지고 유럽에서만 네안데르탈인으로 남아 있었을 수도 있습니다.

유럽에서 네안데르탈인이 살던 시기인 약 20만 년 전부터 5만 년 전 사이에 아시아에서는 인류 화석이 거의 발견되지 않았습니다. 200만 년 전부터 아시아에서 살아온 고인류인 호모 에렉투스가 사라지고 그 빈자리에 아프리카를 떠난 현생인류가 들어선 것일까요? 학계 대부분의 관심이 유럽과 아프리카에 기울고 아시아에 관심을 가진 몇몇 학자들은 아시아에서 호모 에렉투스가 끝까지 연명하면서 뜨문뜨문 남아 있다가 환경 변화에 의해 슬그머니 사라졌거나, 아프리카에서 도착한 현생인류에게 멸종한 것이라는 결론을 내리기도 했습니다. 하지만 틀린 생각이었습니다.

아시아에서도 고인류가 계속 살고 있었습니다. 아시아에서 고인류의 흔적이 없는 이유는 그저 자료가 발견되지 않았을 뿐이었습니다. 20세기 초반 중국과 구소련은 고인류학과 고고학 분야에서 적극적으로 학문 활동을 지원했습니다. 그러나 제2차 세계대전 후 세계 경제의 중심이 미국으로 옮겨 가고 고인류학을 비롯하여 다양한 학문의 중심 세력역시 미국이 되었습니다. 미국의 고인류학은 아프리카와 유럽을 중점적으로 연구했고, 아시아 학문의 중심 세력이었던 중국과 구소련은 고인류학에 눈을 돌릴 여유가 없었습니다. 구소련과 중국에서는 미미하게나마 고인류 연구가 계속되었지만 러시아어나 중국어로 발표되는 연구 논문은 영어권 고인류학계에 거의 알려지지 않았습니다.

20세기 후반으로 가면서 고인류학계 연구 동향이 변하기 시작했습니다. 영어권 중심에서 벗어나는 한편 구소련과 중국뿐 아니라 다양한 국가에서 고인류 화석이 발견되기 시작했습니다. 호주 대륙과 다른 주변지역에서도 고인류 화석이 발견되면서 아시아에서 인류가 계속 살아왔다는 것이 드러났습니다. 네안데르탈인과 현생인류가 유전자를 섞었음이 유전자에서 드러나고 다른 지역의 고인류 집단에게도 새삼스럽게 관심이 돌아가면서 데니소바인은 비로소 세계적인 반향을 불러일으켰습니다.

데니소바 동굴 입구.

　사실 데니소바에 대한 연구는 데니소바인에 대해 전 세계적인 관심이 커지기 이전에도 수십 년 동안 계속되어 왔습니다. 구소련과 러시아는 1980년대부터 알타이Altai 지역에서 고고학 연구를 계속해 왔는데, 이 중 가장 많은 자료가 나온 유적이 알타이산맥 북서쪽의 데니소바 동굴입니다. 알타이 지역에는 약 80만 년 전부터 인류가 살기 시작했던 흔적이 남아 있으며, 데니소바 동굴 지층은 지난 30만 년 동안 고인류가 남긴 기록을 담고 있습니다. 데니소바는 러시아의 동쪽(몽골과의 경계) 알타이산맥 근처의 동굴로, 18세기 러시아의 은둔 학자 데니스Dyonisiy가 살았기 때문에 그의 이름을 따서 이름이 지어졌습니다.

인류의 진화

2010년에 발표된 최초의 데니소바인 아이의 생존 연대를 5만 년 전으로 추정한 것은 손가락뼈와 함께 발견된 동물 뼈와 숯을 방사성 탄소 연대 측정법으로 분석한 결과입니다. 그러나 이 측정법에 사용되는 방사성 탄소C14는 반감기가 5,730년입니다. 그래서 이를 통해서는 5만 년 전까지의 연대밖에 구분할 수 없습니다. 5만 년 전을 넘어가면 10만 년 전이나 20만 년 전이나 어느 연대의 유물인지 구별할 수 없다는 뜻입니다. 방사성 탄소 연대 측정법으로 측정할 수 없는 시기는 안타깝게도 현생인류의 기원에 해당하는 연대입니다.

현생인류의 기원에 대해 알려줄 자료는 방사성 탄소 연대 측정법이 아닌 다른 방법으로 연대를 측정해야 합니다. 2019년에는 데니소바 동굴에서의 고인류 역사를 총체적으로 분석해 낸 획기적인 논문이 발표되었습니다. 《네이처》에 발표된 연구에서는 동굴에서 100개 이상의 지층 샘플을 채취하여 무려 28만 개의 어마어마한 시료 분석을 통해 OSLOptically Stimulated Luminescence 연대를 측정했습니다. OSL 연대 측정법의 원리는 간단합니다. 석영이나 장석은 땅에 묻히는 순간부터 빛 입자를 쌓기 시작합니다. 땅에 묻힌 지 오래될수록 많은 빛 입자가 쌓입니다. 그래서 얼마큼의 빛 입자가 쌓여 있는지를 측정하면 그와 함께 묻힌 화석이 얼마나 오랫동안 묻혀 있었는지까지 알 수 있습니다. 방사성 탄소 연대 측정법만큼 탄탄한 측정법은 아니지만 수많은 자료를 분석하여 일관적인 결과를 낸다면 신빙성이 있습니다. 2019년 논문에서 28만 개의 입자를 분석했듯이 말이죠.

알고 보니 인류는 5만 년 전보다 훨씬 이전인 30만 년 전부터 5만 5,000년 전까지 데니소바 동굴에 살았습니다. 이들은 중기 구석기 제작 기법으로 돌로 도구를 만들어 사용했고 동물을 사냥했습니다. 사냥한 동물 뼈에는 돌날의 흔적을 남겼습니다. 몇 번의 혹독한 추위도 이겨냈습니다. 데니소바 동굴에서는 지난 4만~5만 년 전 후기 구석기 양식의 석기와 골기 그리고 준보석에 속하는 돌과 뼈로 만든 장식품이 출토되어 주목을 받았습니다.

2010년에 데니소바 동굴에서 발견된 손가락뼈(여자)에서 추출된 미토콘드리아 유전체, 뒤이어 추출된 핵 유전체가 현생인류와도 달랐고 네안데르탈인과도 달랐기 때문에 데니소바인이라는 새로운 고인류 집단이 탄생하게 되었습니다. 손가락뼈 하나에서 추출한 고유전체로 데니소바인이라는 집단의 존재에 대한 판단을 보류하던 고인류학계는 그 뒤로 발견된 위 어금니(남자)를 비롯해서 여러 개의 치아에서 추출한 유전체에서도 거듭 확인되는 데니소바인을 인정하기 시작했습니다. 네안데르탈인과 동시대에 아시아에서 살던 고인류가 발견된 것입니다. 게다가 유라시아의 내륙, 북위 50도보다 더 북쪽, 러시아와 카자흐스탄의 경계선이라는 위치는 어떻게 보아도 살기 좋은 곳은 아니었습니다. 추위에 적응한 몸과 문화를 겸비하지 않으면 살아남을 수 없는 곳이지요.

데니소바 동굴의 천장에는 자연적으로 생긴 구멍이 뚫려 있어서 굴뚝 역할을 합니다. 불을 피우며 겨울을 나기에 안성맞춤이었고, 겨울이 사시사철 계속되던 빙하기에도 자연히 인류가 애용한 장소였을 것입니다. 천장의 구멍으로 들어온 햇빛은 동굴 속을 환하게 비추었습니다. 데니소바 동굴에서 바깥을 내다보면 알타이산맥이 눈앞에 펼쳐집니다. 아래로는 아누이Anuy강이 흐르고 동물들이 물을 마시러 찾아옵니다. 동굴 속은 여름에는 시원하고 겨울에는 따뜻합니다. 빛이 잘 들고 냉난방 시설과 최고의 경관까지 갖춘 데니소바 동굴에서 인류가 30만 년 동안 살았던 것이 놀랍지 않습니다.

그런데 20여만 년 전부터는 같은 동굴에서 네안데르탈인이 살기 시작했습니다. 네안데르탈인 역시 중기 구석기 제작 기법으로 돌로 도구를 만들어서 동물을 사냥하는 데 사용했습니다. 그 뒤로 10만 년 전까지 10여만 년 동안 네안데르탈인과 데니소바인이 번갈아 가면서 간헐적으로 동굴에 흔적을 남겼습니다.

고유전자가 추출된 지층에서 함께 발견된 동물과 식물을 분석하면 고환경, 고기후를 알 수 있습니다. 동식물은 기후에 민감하여 일정한 기온과 습도에서만 살아남기 때문입니다. 남겨진 동식물 화석이 무슨 종인지 판별하면 어떤 환경이었을지, 동식물과 함께 발견되는 고인류 화석이 어떤 환경에서 살았는지 추측할 수 있습니다. 동굴 지층의 고기후 자료를 분석한 결과, 네안데르탈인은 주로 '추운' 시기의 지층에서 발견되었고 데니소바인은 주로 '따뜻한' 시기의 지층에서 발견되었습니다. 네안데르탈인이 '추운' 시기에 살았다니 과연 극히 추운 기후에 최적화되었다고 알려진 네안데르탈인답습니다.

5만 5000년 전까지 데니소바 동굴에서 살던 데니소바인은 아마도 아시아 전체에 퍼져 있었을 것입니다. 그리고 현생인류와 다양한 접촉을 했을 것입니다. 데니소바인의 유전자는 세계의 다양한 현생인류 안에 퍼져 있는데, 엉뚱하게도 멀리 남쪽에 위치한 파푸아뉴기니와 솔로몬 제도 등 멜라네시아인에게서 발견됩니다. 이들의 DNA 중 약 4퍼센트가 데니소바인의 것입니다. 이들은 네안데르탈인의 DNA도 4퍼센트 가지고 있으니 고인류의 DNA를 8퍼센트나 가진 셈입니다. 물론 모두 호모 사피엔스, 현생인류입니다.

데니소바인이 실제로 존재했던 고인류 집단이라면 그들은 어떻게 생겼을까요? 최근에는 기존에 발견된 고인류 화석이 데니소바인인지 다시 검토하는 연구가 이루어지고 있습니다. 티베트고원의 시아허夏河 동굴 유적에서 1980년대에 발견된 턱뼈의 유전자를 추출·분석하고 동굴의 흙 역시 분석한 결과 데니소바인과 친연관계가 있는 것으로 밝혀졌습니다. 중국에서 발견된 마바馬壩, 따리大荔 등 중기 플라이스토세Pleistocene에 해당하는 고인류 화석은 지금까지 '고식 현생인류archaic Homo sapiens' 혹은 '해부학상 현생인류anatomically modern humans' 혹은 '호모 하이델베르겐시스Homo beidelbergensis'라는 여러 이름으로 불려왔습니다. 딱히 호모 에렉투스도 아니고 호모 사피엔스도 아닌 모호한 생김새와 어중간한 연대 때문입니다. 이들이 데니소바인이었을 것이라고 추측하기도 합니다. 독일의 네안데르 계곡에서 발견된 머리뼈를 고인류 '네안데르탈인'이라고 부르기 시작하자 그 이전에 발견된 화석을 다시 검토해서 네안데르탈인으로 부르게 된 경우와

인류의 진화

비슷합니다.

데니소바의 유전체에서 발견된 유전자 중 흥미로운 것은 우리 몸에서 갈색을 관장하는 대립형질입니다. 갈색 눈, 갈색 피부, 갈색 머리카락은 데니소바인에게도 있습니다. 또한 우리의 면역 체계 중에서 중요한 요소는 데니소바인에게서 왔습니다. 특히 주목할 만한 유전자는 저산소 환경에서 살아남을 수 있게 하는 유전자 EPAS1입니다. 평지인이 고지대에 익숙해지면 헤모글로빈이 늘어나면서 덩어리진 굳은 피가 혈관 속에서 여러 질병을 일으키는 혈전증으로 이어질 위험이 있습니다. 고지대에서 오래 살아온 집단은 헤모글로빈의 수가 적어서 혈전증의 위험이 낮습니다. 티베트인에게는 고지대의 저산소에 적응하도록 도와주는 EPAS1 유전자가 높은 빈도로 발견되고, 티베트인을 제외한 다른 인류 집단에서는 이 유전자가 적게 발견되거나 아예 발견되지 않습니다. 이 유전자는 데니소바인에게서도 발견됩니다. 티베트인이 지금 고산지대에 적응해 살 수 있었던 것은 바로 데니소바인의 유전자 덕분일지도 모릅니다.

데니소바인은 네안데르탈인보다 더욱 다양한 유전자를 가지고 있습니다. 선택의 영향을 받지 않는 유전자 변이는 발생하는 비율이 대략적으로 알려져 있습니다. 집단의 크기가 클수록 변이의 수도 커질 것입니다. 따라서 유전자의 다양성은 집단의 크기와 비례합니다. 네안데르탈인보다 다양한 유전자를 가진 데니소바인은 네안데르탈인보다 더 많은 개체수를 가지고 있었고 더 넓은 지역에 퍼져 있었다는 추론이 가능합니다. 아시아 전체에 퍼져 있었던 데니소바인의 유전자에게는 적어도 두 집단이 있었던 것으로 추정되는데, 하나는 뉴기니와 호주의 원주민에게 발견되는 유전자 집단이고 또 하나는 아시아 대륙에서 발견되는 유전자 집단입니다.

하지만 충분히 논의되지 않은 중요한 문제가 있습니다. 데니소바인은 과연 존재했을까요? 여태껏 데니소바인에 대해서 열심히 설명하고 이제 와서 이게 무슨 소리냐고 할 수도 있겠습니다. 데니소바인은 뼈가 아닌 유전자로만 존재하는 고인류입니다. 새끼손가락뼈 반 마디와 이빨 몇 점만 가지고 데니소바인이 어떻게 생겼는지 알 수는 없습니다. 뉴스 매체 등에 등장하는 데니소바인의 얼굴은 발견된 얼굴뼈 위에 근육의 추정치를 덧입혀서 과학적으로 추정한 복원 모형이 아니라 오히려 상상도에 가깝습니다. 데니소바인이 실제로 존재했던 인류 집단인지조차 아직 확실하지 않습니다. 같은 유전자를 가지고 있다고 해서 그 개체들이 집단을 이루고 있다고 이야기할 수는 없기 때문이죠. 예를 들어 A형, B형, O형과 같은 혈액형은 분명히 존재합니다. 그리고 각각의 혈액형은 유전자를 바탕으로 합니다. 지역별로 많이 분포하는 혈액형이 다릅니다. 예를 들어 O형은 중남미에 많고 B형은 중앙아시아에 많습니다. 그렇지만 같은 혈액형을 가지고 있는 사람들이 집단을 이루지는 않습니다. B형 혈액형을 가진 사람들이 존재하고 특정 지역에서 더 많이 발견되기도 하지만 'B형 혈액형인'이라는 집단이 따로 존재하지 않는 것과 마찬가지입니다.

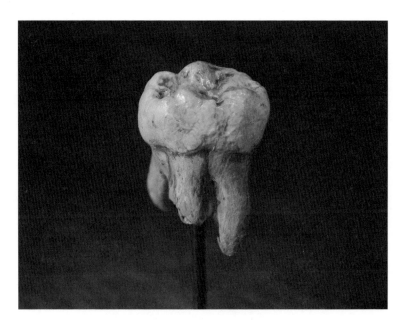

데니소바인 어금니 화석 복제품.

유전자가 널리 퍼졌었다고 해서 데니소바인이 널리 퍼졌다는 이야기가 바로 성립이 되는 것은 아닙니다. '데니소바 유전자'가 있다고 해서 '데니소바인'이라는 집단이 존재한다는 뜻은 아닙니다. '데니소바인'이라는 집단이 과연 존재하는지는 아직도 의문으로 남아 있습니다. 유전자가 곧 집단이 아니고 곧 종도 아닙니다. 데니소바인이 네안데르탈인처럼 맨눈으로 구별할 수 있는 형질을 가진 집단인지는 앞으로의 연구로 확인해 나가야 합니다.

데니소바인은 처음 발표되었을 때 새로운 화석종이라는 선언이 따르지 않았습니다. 새로운 발견에 새로운 화석종명을 붙이는 경향에서 벗어나 조심스러운 입장을 취한 것은 네안데르탈인 유전체 연구로 노벨상을 받은 스반테 패보Svante Pääbo다운 결정이기도 했습니다. 패보는 네안데르탈인과 호모 사피엔스 사이에 유전자 교류가 있었고 이 두 집단 간에 유전적 장벽이 두껍지 않았음을 확인한 학자입니다. 그런데 데니소바인을 처음으로 발표한 연구팀 중에는 새로운 화석종으로 발표하자는 의견도 있었습니다. 연구팀의 일원인 러시아의 대표적인 고인류학자 아나톨리 데레비안코Anatoly Derevianko는 데니소바인을 호모 알타이엔시스*Homo altaiensis*라는 새로운 화석종으로 발표했어야 한다고 주장했다가 호모 사피엔스 알타이엔시스라는 호모 사피엔스의 아종이라고 입장을 바꾸었습니다. 결국 데니소바인은 현생인류의 한 집단이라는 해석이 정설로 굳어지고 있습니다.

현생인류와 유전자를 교환하던 데니소바인이 호모 사피엔스의 아종이라면 데니소바인과도 유전자를 교환하고 현생인류와도 유전자를 교환하던 네안데르탈인 역시 호모 사피엔스의 아종이 됩니다. 데니소바인도 네안데르탈인도 결국 호모 사피엔스의 다양함을 보여주는 고인류 집단입니다.

사피엔스의
기원

현생인류인 호모 사피엔스의 기원은 네안데르탈인과 더불어 고인류학에서 가장 큰 관심을 받는 주제입니다. 현생인류의 기원에 관한 이야기는 바로 우리의 기원에 관한 이야기이기 때문입니다. 많은 학계가 그러하듯 고인류학도 유럽을 중심으로 전개되었기 때문에 현생인류의 기원역시 유럽에서 찾은 것은 어쩌면 당연합니다. 호모 사피엔스의 대표적인 화석은 유럽의 크로마뇽인이었으며, 이들이 그 직전에 유럽에서 살던 네안데르탈인과 어떤 관계를 맺었는지가 관건이었습니다. 호모 사피엔스가 네안데르탈인에서 진화했다는 가설과 네안데르탈인 이전의 유럽인에서 진화했다는 가설이 팽팽하게 맞섰습니다. 네안데르탈인 이전의 유럽인에서 진화했다는 이야기는 호모 사피엔스가 네안데르탈인

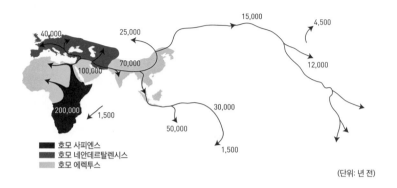

아프리카 기원론에서 제시하는 호모 사피엔스의 탄생과 이동.

과는 상관이 없는 별개의 계통이라는 뜻입니다. 호모 사피엔스의 조상이 됨직한, 네안데르탈인 이전의 유럽인 고인류 화석은 많지 않았습니다. 그중 유력한 후보였던 필트다운인은 가짜임이 드러났고, 20세기 후반은 유럽에서의 네안데르탈인이 과연 호모 사피엔스로 진화했는지 여부로 맹렬한 논쟁이 계속되었습니다. 이른바 '현생인류 기원 논쟁'입니다.

호모 사피엔스의 기원지가 유럽이 아닌 아프리카라는 가설이 상당한 지지를 받게 된 계기는 인류학자 리베카 칸Rebecca Cann과 동료들이 내놓은 1987년의 논문입니다. 이 논문에서 현생인류 147명의 미토콘드리아 유전자를 조사한 결과, 아프리카 사람들의 유전적 다양성이 가장 컸고 다른 대륙 사람들의 유전적 다양성은 아프리카 사람들에 비해 작았습니다. 유전적 다양성은 유전적 변이로 이루어집니다. 그런데 선택의 영향을 받지 않는 중립적인 유전자 변이는 무작위적으로 발생하기 때문에 계통이 오래될수록 유전적 변이가 많이 쌓이면서 유전적 다양성이 증가합니다. 이렇게 유전자 변이를 통해 시간을 유추하는 방법은 분자시계라고 불립니다. 유전적 다양성이 크다는 이야기는 오래되었다는 뜻입니다. 따라서 현생 인류의 기원점은 유전적 다양성이 가장 큰 아프리카라는 결론이 나옵니다. 그렇지만 전반적으로 현생인류의 다양성은 그렇게 크지 않았습니다. 호모 사피엔스는 그다지 오래된 계통이 아니라는 뜻입니다. 호모 사피엔스의 역사가 짧고 아프리카에서 기원했다는 결론은 충격적이었습니다. 호모 사피엔스 기원 논쟁의 중심이 네안데르탈인의 유럽에서 아직 화석 자료가 많지 않은 아프리카로 옮겨지게 되었습니다. 고인류학 역사에 큰 획을 그은 이 논문을 계기로 미토콘드리아 유전자 분석을 이용한 시간 여행은 1990년대에 폭발적인 인기를 끌었습니다. 고인류 화석 외에 유전자가 고인류학의 주요 자료로 대두되었습니다.

그동안 유전학계에서는 호모 사피엔스의 기원 시점을 20만 년 전으로 추정했습니다. 이는 유전자의 분자시계와 컴퓨터 시뮬레이션을 이용해서 추정한 시점입니다. 이에 따라 20만 년 전 또는 그 시점 바로 이전의 고인류 화석을 아프리카에서 찾으려는 노력이 계속되었습니다. 드디어 2003년에 발표된 논문에서 동아프리카 에티오피아의 헤르토에서 발견된 고인류 화석이 연대 측정 결과 16만 년 전의 것으로 밝혀져 최초의 호모 사피엔스 화석이라는 관심을 받았습니다. 화제의 화석에게는 호모 사피엔스 이달투_Homo sapiens idaltu_라는 아종명이 붙여졌습니다. 헤르토 화석은 두꺼운 눈썹뼈를 비롯해 강건한 생김새를 가지고 있으면서도 높고 큰 머리뼈를 가지고 있는 호모 사피엔스의 특징을 보입니다. 이 화석이 특별한 관심을 끄는 이유는 화석의 연대가 20만 년 전 근처라는 점과 아프리카에서 발견되었다는 점 때문입니다. 말하자면 화석의 모양새를 보고 호모 사피엔스라고 판정을 내린 것이 아니라 20만 년 전 아프리카에서 호모 사피엔스가 기원했다는 가정하에 시간대와 공간이 들어맞는 화석이기 때문에 초기 호모 사피엔스라고 결론을 내린 것입니다.

에티오피아의 헤르토 화석이 발표되면서 호모 사피엔스의 아프리카 기원설은 단지 유전학 모델에 의거한 이론에 그치지 않고 고인류 화석 자료로 뒷받침될 가능성이 높아졌습니다. 그 전까지 호모 사피엔스의 고인류 화석이 아프리카에서 발견된 경우가 몇몇 있었지만 모두 연대가 분명하지 않았습니다. 그러나 헤르토 이후 그동안 연대가 불분명했던 호모 사피엔스 화석의 연대를 다시 정확하게 측정하려는 노력 끝에 20만 년 이전인 것으로 밝혀진 경우가 늘어났습니다. 1960년대에 발견되어 2017년에 31만 년 전으로 연대 측정된 모로코의 제벨 이르후드Jebel Irhoud 화석이나, 역시 1960년대에 발견되어 2022년에 23만 년 전으로 연대 측정된 에티오피아의 오모Omo 화석이 그렇습니다.

동아프리카에 비해 남아프리카에서는 클라시스리버마우스Klasies River Mouth 유적에서 발견된 화석이 호모 사피엔스 화석으로 알려져 있었습니다. 아래턱뼈에는 현생인류의 특징인 턱이 있습니다. 눈썹뼈는 두껍지 않고 얄팍한 현생인류의 눈썹뼈와 비슷합니다. 이처럼 아래턱 뼈와 눈썹뼈에서는 현생인류와 유사한 특징을 확인할 수 있었지만, 호모 사피엔스라면 축구공처럼 둥그런 모양의 머리뼈를 가지고 있었을 텐데 눈썹뼈를 제외한 머리뼈가 남아 있지 않았기 때문에 축구공처럼 둥그런 모양인지 럭비공처럼 길쭉한 모양인지 알 수 없었습니다. 게다가 역시 연대가 분명하지 않았습니다.

그런데 2019년에는 현생인류가 동아프리카가 아닌 남아프리카에서 기원했다는 연구가 발표되면서 떠들썩했습니다. 미토콘드리아 유전체 1,217개를 수집해서 분석한 결과였습니다. 미토콘드리아는 모계를 통해서 유전되기 때문에 미토콘드리아 유전자 분석을 통해 전 세계 인류의 공통 조상을 찾아 거슬러 올라가면 한 점으로 수렴하게 됩니다. 이는 유전적인 수렴인데 이를 한 명의 고인류 여성이라고 잘못 생각하고 '미토콘드리아 이브'라고 부르기도 합니다. 유전자 분석 결과 미토콘드리아 유전체 중 조상 형태의 유전자가 남아프리카 오카방고에서만 사는 코이-산 집단 사람들에게 국한되어 나타났습니다. 연구자들은 컴퓨터 모델을 통해 조상 형태의 유전자가 20만 년 전에 발생하고 그 뒤 전 세계로 퍼져나갔다고 추정했습니다. 이러한 내용이 담긴 논문은 발표되자마자 미디어의 주목을 크게 받았습니다. "인류의 기원을 처음부터 다시 쓰다"라는 식의 기사 제목을 어렵지 않게 발견할 수 있었습니다.

살아 있는 사람들에게서 수집한 미토콘드리아 유전자로 시간을 거슬러 올라가면서 인류의 진화 역사에 대해 추정하는 연구에서 계속 등장하는 아프리카 기원론은 사실 모호한 개념입니다. 아프리카에서 기원했다는 이야기는 지구에서 기원했다는 이야기만큼 어마어마하면서도 애매한 내용의 가설입니다. 아프리카는 엄청난 크기의 대륙이기 때문입니다. 인류는 아프리카에서 500만 년 전에 기원하여 그 후 300만 년동안 아프리카에서만 살았습니다. 가장 많은 사람이 가장 오랫동안 살아온 곳에서 가장 다양한 유전자가 발견되는 것은 어쩌면 그렇게 놀라운 일이 아닙니다.

미토콘드리아를 통해 분석한 이 연구와 함께 비교해 볼 만한 다른 연구가 몇 가지 있습니다. 앞서 설명한 것처럼 미토콘드리아는 모계를 통해 유전됩니다. 그렇다면 부계를 통해서만 유전되는 요소는 없을까요? 부계로 유전되는 Y염색체를 통해 인류의 기원을 찾은 연구에서는 현생 인류의 Y염색체 조상형이 5~10만 년 전에 서아프리카에서 세계로 확산했다는 결론을 내렸습니다. 한편 북아프리카에서 발견된 호모 사피엔스 고인류 화석 턱뼈에 있는 치아의 연대를 측정했을 때 30만 년 전의 것이라는 결과가 나온 연구도 있습니다. 이 연구들을 나란히 비교해 보자니 이야기가 복잡해집니다. 그렇다면 여자는 남아프리카에서 기원하고, 남자는 서아프리카에서 기원하고, 치아는 북아프리카에서 기원했다는 이야기가 될까요?

어쩌면 기원이라는 개념을 다시 살펴봐야 할지도 모릅니다. 기원이라는 단어는 피라미드의 꼭지처럼 하나로 수렴된다는 인상을 줍니다.

그런데 현생인류가 복수의 기원점과 복수의 조상 집단을 가지고 있다는 가설을 의외로 많은 자료가 뒷받침하고 있습니다. 20만 년 전 남아프리카 오카방고에 살던 고인류가 우리의 조상이 아니라는 뜻은 아닙니다. 우리의 조상입니다. 30만 년 전 서아프리카에 살던 고인류도 그리고 10만 년 전 북아프리카에 살던 고인류도 우리의 조상입니다. 40만 년 전 유럽에서 살던 네안데르탈인 역시 우리의 조상입니다. 우리의 기원은 하나가 아닙니다.

유전자 계통수를 통해 추정되는 유전자의 기원점은 개체가 이루는 집단의 조상과 같지 않습니다. 사람의 미토콘드리아 DNA의 기원점은 16만 년 전이지만 핵 DNA 유전자의 기원점은 100만 년 전에서 500만 년 전까지 다양하게 분포되어 있습니다. 30억 개의 염기서열로 이루어진 유전체 중에서 일부를 분석하는 방법은 전장 유전체(게놈)를 분석하는 방법으로 혁명적인 전환을 이루었습니다. 부분적인 데이터를 분석하는 것만으로는 전체를 파악할 수 없습니다. 유전자에 따라 기원점이 다를 수 있기 때문입니다.

이 사실을 우리에게 일깨워 준 유명한 사례가 바로 네안데르탈인입니다. 고인류 화석에서 유전자를 처음 추출한 연구에서는 미토콘드리아 유전체 중 360개의 염기서열을 판독해서 1997년에 논문으로 발표했습니다. 판독 결과 사람과 네안데르탈인 사이의 차이점은 사람 대 사람의 차이보다 크고 사람과 침팬지의 차이보다 작다는 결론을 내렸습니다. 이 논문으로 네안데르탈인은 사람과 별개의 종이라는 주장에 힘이 실렸습니다. 이 논문은 수만 년 전의 화석과 현대인의 유전자를 비교했다는 점 그리고 1만 6,569개의 염기서열로 이루어진 미토콘드리아 유전체 중 360개를 바탕으로 비교했다는 점에서 나중에 결론이 번복될 가능성이 높았습니다.

2년 뒤인 1999년에 발표된 논문에서는 같은 네안데르탈인 화석에서 추출한 600개의 미토콘드리아 유전자 염기서열을 비교했습니다. 그리고 같은 결론을 내렸습니다. 사람과 네안데르탈인의 미토콘드리아 유전체는 46만 5,000년 전에 갈라졌다는 결론이었습니다. 둘이 서로 상관없는 별개의 종이라는 주장은 그 뒤 네안데르탈인 화석 세 점에서 추출한 미토콘드리아 유전자를 분석한 연구에서도 내려진 결론이었습니다. 뒤이은 미토콘드리아 유전체의 1만 6,000여 개 염기서열 그리고 핵유전체 중 100만 개 염기서열의 분석 역시 네안데르탈인과 현생인류 간의 차이를 공고히 했습니다. 그렇지만 화석에서 추출한 유전자가 과연 화석의 유전자인지 혹은 오랜 시간이 지나면서 흘러 들어간 다른 개체의 유전자인지, '오염'의 가능성이 계속 큰 문제로 대두되었습니다. 네안데르탈인 유전체 프로젝트의 2010년 발표에서는 현생인류가 네안데르탈인의 유전자를 1~4퍼센트가량 물려받았다고 밝혔습니다. 기존의 믿음을 뒤집는 이 충격적인 결과는 이러한 지난한 문제를 해결하고 얻어낸 결과입니다.

가장 중요한 문제가 남습니다. 유전자의 기원을 알면 종의 기원을 알 수 있을까요? 우리를 이루는 유전자가 어디에서 왔는지 알면 호모 사피엔스라는 종의 기원을 알 수 있을까요? 대답은 간단하지 않습니다.

고인류학에서 다루는 가장 근본적인 물음은 종 단위의 진화입니다. 새로운 종이 어떻게 시작되었고 어떻게 사라졌는지 탐구합니다. 따라서 인류의 진화 역사에서 어떤 종이 있었는지 물어보는 것이 시작입니다. 종은 보호된 유전자 풀입니다. 진화론이 학문으로 성립되기 이전에는 종이 절대적인 것으로 여겨졌습니다. 절대적이라는 것은 곧 종은 절대로 바뀌지 않으며 영원하다는 것을 뜻합니다. 유대 기독교 세계관이 지배하던 유럽의 중세 시대까지 종은 신이 만든 세계의 질서였습니다. 서로 다른 종끼리 유전자를 교환한다는 것은 있을 수 없는 일이었습니다. 중세 시대의 세계관에서는 완벽한 것은 안정되었기 때문에 움직이지 않았습니다. 신이 창조한 지구는 당연히 완벽했고 당연히 움직이지 않았습니다. 천동설에서 주장하듯이 우주가 지구의 주위를 맴돌아야 했습니다. 마찬가지로 신이 창조한 생명체는 완벽했고 변하지 않았습니다.

지동설이 충격적이었던 이유는 완벽하기 때문에 움직이지 않아야 할 지구가 움직인다고 주장했기 때문입니다. 물론 지동설이 사실이었음은 역사가 알려줍니다. 그리고 진화론이 발달하면서 종 역시 변한다는 입장은 충격적일 수밖에 없었습니다. 종이 변하고 결국 새로운 종이 등장하면서 예전의 종이 사라진다는 관점은 받아들이기 힘들었습니다.

그렇지만 종이 기원하고 진화한다는 생각이 자리를 잡아도 변함없는 것은 종의 개념이었습니다. 보호된 유전자 풀이라는 개념입니다. 보호된 유전자 풀이라는 이야기는 같은 종이라면 같은 유전자 풀에 속하기 때문에 유전자를 교환할 수 있다는 뜻입니다. 같은 종끼리는 생식기능을 가지고 있는 후손을 만들어 낼 수 있어서 계속될 수 있습니다. 서로 다른 종에 속한다면 다른 유전자 풀에 속하기 때문에 유전자를 교환할 수 없습니다. 설사 유전자를 교환한다고 해도 그 후손은 생식기능이 없기 때문에 계속될 수 없습니다. 말과 당나귀라는 서로 다른 종이 만나서 만들어 낸 노새에게는 생식기능이 없습니다.

현생인류의 기원에 대한 논쟁은 현생인류가 호모 사피엔스라는 종으로서 어떻게 시작되었는지와 관련되어 있습니다. 호모 사피엔스가 아프리카에서 새로운 종으로 기원하여 전 세계로 확산했다면, 전 세계에서 살고 있던 기존의 고인류 집단과는 서로 다른 종이기 때문에 유전자를 교환할 수 없었다는 것이 중요한 포인트입니다. 따라서 호모 사피엔스와 네안데르탈인이 서로 다른 종인지의 여부는 호모 사피엔스의 기원과 상관해서 중요한 화두였으며, 둘 사이에 유전적인 교환이 가능했느냐의 여부로 이어졌습니다. 그렇기 때문에 2010년에 발표된 네안데르탈인의 유전체 판독 연구에서 네안데르탈인의 유전자가 소량이나마 현생인류의 유전자에 포함되었다는 주장이 충격적이었습니다.

그런데 2010년 이후 새로운 개념이 화두로 등장했습니다. 혼종의 개념입니다. 서로 다른 종끼리 유전자를 교환할 뿐 아니라 그 사이에서 나온 후손은 생식기능이 있다는 것입니다. 혼종이 처음 대두되었을 때만 해도 고인류학계에서는 혼종이 지극히 예외적인 경우라고 생각했습니다. '식물에서는 흔한 현상'이라는 이야기가 나오고 '양서류에서는 흔한 현상'이라는 이야기가 나왔지만 고등동물에서는 흔치 않은 일이라고 생각한 것입니다. 그런데 연구가 거듭되면서 점차 혼종이 '가축화 과정에서 흔한 현상'이라는 것이 밝혀지고 급기야는 야생 영장류에서도 나타나는 현상임이 밝혀졌습니다.

혼종의 개념이 부각되면서 이제 종 단위의 연구에 대해 다시 생각해야 하는 시점에 왔습니다. 두 집단 사이에서 유전자를 교환했다면 서로 같은 종이기 때문인지, 서로 다른 종이지만 혼종에 의해서인지 그 둘을 구별할 수는 없습니다. 그리고 그것이 그렇게 중요한 문제인지조차 의심스럽습니다. 고인류에게 몇 개의 화석종이 있었는지, 대답할 수 없는 이 문제보다 더 우리의 관심을 끄는 것은, 아니 끌어야 하는 것은 과거에 살았던 고인류종이 어떠한 환경에서 어떻게 살았는지의 문제여야 할지도 모릅니다.

데니소바인이 호모 알타이엔시스라는 화석종인지, 네안데르탈인이 호모 네안데르탈렌시스라는 화석종인지의 문제는 차라리 21세기에서는 그렇게 중요한 문제가 아닙니다. 우리는 지난 17세기부터 동의한 종의 개념을 다시 생각해야 하는 시점에 와 있습니다. 다양한 종이 섞여 하나의 새로운 종을 탄생시킨다는 관점은 하나의 종에서 두 종으로 분화해야만 새로운 종의 탄생으로 인정한다는 입장에 전면적으로 도전합니다. 20세기의 중요한 문제 중 하나였던 호모 사피엔스의 기원이 21세기에서는 사라질지도 모릅니다.

아시아
기원론

고인류 화석을 발견하는 것은 로또에 당첨되는 것만큼이나 어렵고 희귀한 일입니다. 인류가 발생한 이래 수백만 년 동안 수없이 많은 개체가 지구에서 살고 죽었지만 대부분은 흔적조차 남기지 않고 분해되어 자연으로 돌아갔습니다. 그중 극소수만이 화석화될 수 있는 곳에서 죽었습니다. 시체가 화석이 되기 위해서는 마침 죽은 곳 주위에 알맞은 무기물이 있어야 합니다. 사체가 점점 유기물을 잃고 그 자리에 무기물이 대신 들어차면서 뼈는 서서히 돌이 되어갑니다. 그렇게 돌이 되어가는 도중에도 무수히 다시 분해되어 자연으로 돌아갈 확률이 높습니다. 아주 희박한 확률로 완전한 돌이 되어 수만 년, 수십만 년, 심지어 수백만 년의 세월을 버텨 냅니다. 그렇게 만들어진 화석이 사람의 눈에 띄어 연구자의 손으로 들어오는 것 또한 결코 쉬운 일이 아닙니다. 고인류가 적당한 장소에서 죽어서 사체가 화석이 되고 그 화석이 후대의 사람에게 발견되기 위해서는 극히 희박한 확률이 몇 번이고 겹쳐져야 합니다. 이 불가능에 가까운 확률을 뚫고 '로또에 당첨된' 사람들은 몹시 적습니다. 운이 기막히게 좋은 사람들이지요.

하지만 화석의 발견이 순전히 우연으로만 이루어지는 경우 역시 극히 드뭅니다. 화석의 발견은 인류의 기원과 진화에 대한 가설을 시작으로 특정 지점을 지목하여 꾸준하게 발굴한 결과이기도 합니다. 고인류학 역사에서 손꼽히는 중요한 화석인 자바인과 베이징인이 발견된 배경에는 아시아 기원론이 있습니다. 자바인과 베이징인 모두 아시아가 인류의 기원지였다고 동의하던 시절에 발견된 화석입니다. 아시아가 인류의 기원지라니 어리둥절할지도 모르겠습니다.

물론 지금은 인류의 기원지가 아프리카라는 사실이 정설로 굳게 자리 잡혀 있습니다. 인류 계통이 시작한 곳은 500여만 년 전 아프리카이며, 그 후 호모속이 기원한 200여만 년 전까지의 모든 고인류 화석종은 아프리카에서만 기원했고 아프리카에서만 발견되었습니다. 고인류만이 아니라 현생인류인 호모 사피엔스 역시 아프리카에서 기원했다는 것이 현재 학계 대다수의 학자가 지지하고 있는 가설입니다. 그런데 사실 아프리카가 인류 진화의 기원지로 등장하고 받아들여진 것은 20세기 후반, 1960년대 이후입니다. 그 이전까지는 아시아가 인류 진화의 기원지라는 입장이 정설이었습니다. 그리고 그 아시아 기원론에 입각하여 조사한 결과 자바인과 베이징인이 발견되었습니다.

1891년에 발견된 자바인 호모 에렉투스는 아시아에서 최초로 발견된 고인류 화석입니다. 네덜란드인인 외젠 뒤부아Eugène Dubois는 용병으로 자원하여 간 인도네시아에서 자비로 발굴하여 자바인을 발견했습니다. 그는 왜 용병으로 자원하여 하필 인도네시아에 갔으며 왜 자비로 발굴했을까요? 뒤부아가 인도네시아로 갔을 당시에는 동남아시아가 인류의 기원지로 주목받던 시대였습니다. 이를 설명하기 위해서는 시대를 좀 더 거슬러 올라가야 합니다.

진화론을 정리한 찰스 다윈의 『종의 기원』은 발표되자 큰 반향을 불러일으켰습니다. 그렇지만 거부감은 그렇게 크지 않았습니다. 생물체가 변한다는 사실은 그동안 많은 사람이 관찰하고 설명해 왔습니다. 다윈은 진화론을 발표하면 큰 공격을 받을 것이라고 두려워했지만 실제로 그다지 큰 공격은 없었습니다. 학계의 환영과 세간의 관심을 받았죠. 충격적인 반향은 다윈이 그로부터 12년 뒤 발표한 『인간의 유래The Descent of Man, and Selection in Relation to Sex』(1871)에서 왔습니다. 사람역시 다른 동물과 다름없이 진화의 결과로서 존재한다는 생각은 어찌보면 당연하지만, 사람들은 사람이 그중 하나라고는 생각하지 않았습니다. 사람은 특별한 존재라고 생각했기 때문입니다. 세상 모든 동물이 진화해도 사람만은 진화하지 않고 원래부터 지금과 같은 모습으로 살아온 특별한 존재라고 여겼습니다(물론 사람 역시 진화를 거쳐왔습니다. 따라서 사람에게도 기원이 있고 지금의 사람 모습과는 다른 모습의 조상이 있었습니다. 이렇게

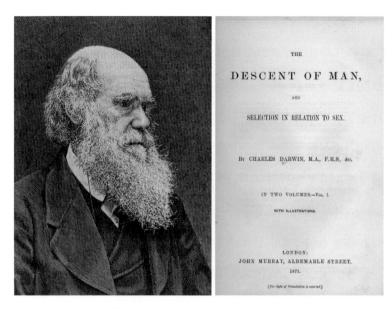

찰스 다윈과 『인간의 유래』 초판본. 이 책에서 다윈은 종에 대한 연구를 사람에게 적용해 그 기원을 찾고자 했다.

당연한 사실이 여하튼 당시 사람들에게는 충격적인 이야기였습니다).

사람에게도 지금과 다른 모습을 한 조상이 존재했다면 그들은 어디에서 살았을까요? 『인간의 유래』에서 다윈은 인류의 기원지로 아프리카를 주목했습니다. 인류의 기원지에 관한 자료가 거의 없는 상태에서 아프리카를 기원지로 꼽은 것은 평소 꼼꼼한 자료를 무수히 수집해서 진화에 대한 주장을 전개했던 다윈으로서는 매우 대담한 일이었습니다. 다윈은 사람과 가장 가까운 동물인 유인원을 하나하나 살펴보고 유인원 중 고릴라와 침팬지가 사람과 가장 가깝다고 보았습니다. 그리고 고릴라와 침팬지가 살고 있는 아프리카를 인류의 기원지로 지목했습니다.

　다윈의 아프리카 기원설은 큰 지지를 얻지 못했습니다. 다윈과 같은 시기에 다윈과 같이 자연선택을 진화의 원동력으로 꼽은 호주의 학자 앨프리드 월리스Alfred Wallace는 아프리카가 아닌 아시아를 인류의 기원지로 제시했습니다. 다윈과 동시대인인 에른스트 헤켈Ernst Haeckel 역시 아시아를 인류의 기원지로 제시했습니다. 헤켈은 현존하는 유인원 중 긴팔원숭이와 오랑우탄이 사람과 가장 비슷하므로 그들이 서식하는 동남아시아에서 인류가 기원했을 것이라고 생각했습니다. 특히 긴팔원숭이는 땅에서 주로 두 발로 걷기 때문에 사람과 비슷한 점이 부각되었습니다.

　헤켈은 인도양 한가운데에 있다가 지금은 바다 밑으로 가라앉았다고 상상한 대륙에 '레무리아Lemuria'라는 이름을 붙였습니다. 물론 가상의 대륙 레무리아는 존재하지 않습니다. 헤켈은 가상의 대륙 레무리아에 인류 최초 조상의 화석이 있을 것이라고 생각했습니다. 그는 이 인류 최초의 조상에게 피테칸트로푸스라는 이름을 붙였습니다. 가상의 대륙에서 발견될 가상의 화석인 셈입니다. 피테칸트로푸스Pithecanthropus는 '유인원'(피테코스)과 '사람'(안트로)의 조합어입니다. '유인원 같은 사람'이라는 뜻으로 '원인'이라고 번역되었습니다(헤켈은 훗날 나치의 열성 당원이 되어 히틀러의 우생학 정책을 지지하고 진화론적인 해석으로 힘을 실어주었을 뿐 아니라 유대인 학살에 대해서도 지지한 전력을 가지고 있습니다. 그의 학문 평가에서 빼놓을 수 없는 흑역사입니다).

인류의 진화

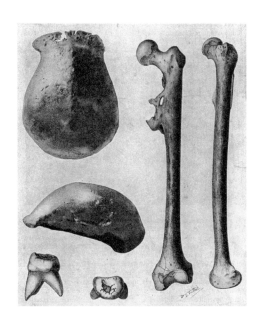

1891년 외젠 뒤부아가 발견한 자바인 화석.

열정적인 고생물학도였던 네덜란드의 외젠 뒤부아는 당시 주류였던 아시아 기원론에 동의했고 아시아에서 인류의 첫 조상을 찾고자 했습니다. 뒤부아는 인류의 조상을 찾으려고 인도네시아로 향했습니다. 인도네시아에는 네덜란드의 식민지회사 동인도회사가 있어서 발굴 지원을 받을 수 있었기 때문입니다. 뒤부아는 인도네시아의 자바섬에 도착하여 발굴팀을 짜고 작업을 시작했습니다. 뒤부아는 현지에서 고용한 노동자들을 닦달해 발견한 머리뼈와 다리뼈 화석을 학계에 발표했습니다. 1891년의 일입니다.

헤켈의 '가설'(이라기보다는 공상에 가깝습니다)에 영감을 받고 인도네시아로 떠나 정말로 고인류 화석을 발견한 것입니다. 뒤부아는 처음에 이 화석의 주인에게 안트로포피테쿠스 에렉투스라는 이름을 붙였습니다. '안트로포'는 '사람'이라는 뜻이고 '피테쿠스'는 '유인원'이라는 뜻이므로 '사람 같은 유인원'이라는 뜻입니다. 그러다가 곧 이름을 다시 붙였는데, 이번에는 헤켈이 상상했던 인류 최초의 조상인 피테칸트로푸스 알랄루스의 이름에서 피테칸트로푸스를 따고 알랄루스 대신 에렉투스(직립을 의미)라는 종명을 붙여서 두 발로 걸었다는 사실을 강조했습니다. 앞에서 말한 것처럼 피테칸트로푸스는 '유인원 같은 사람'이라는 뜻입니다. '사람 같은 유인원'(안트로포피테쿠스)에서 '유인원 같은 사람'(피테칸트로푸스)으로 프레임이 바뀐 것이지요. 이렇게 탄생한 피테칸트로푸스 에렉투스에게는 자바인Java Man이라는 별명이 붙여졌습니다.

그러나 뒤부아의 자바인은 인류의 조상으로 인정받지 못했습니다. 그들의 머리가 작았기 때문입니다. 당시에는 만물의 영장인 사람의 조상이라면 당연히 머리가 커야 한다고 생각했습니다. 사람과 동물을 차별화하는 가장 중요한 특징은 지혜라고 여겨졌으며, 지혜가 담겨 있는 기관은 두뇌였습니다. 뛰어난 지혜를 가지고 있는 사람의 조상이라면 큰 머리를 가지고 있어야겠지요. 두 발로 서고 두 발로 걸었다지만 머리가 작은 자바인은 결코 사람들이 원하는 조상의 모습이 아니었습니다. 자바인을 발견한 뒤부아 역시 이 발견으로 학자로서 인정받고 싶었지만, 학계에서는 자바인의 화석에 대해서 논란이 컸습니다. 놀랍게도 20세기 이전에 이루어진 인류의 진화에 대한 논의에서는 화석의 중요성이 그다지 인정되지 않았습니다. 화석은 희소할뿐더러 해석도 용이하지 않았기 때문입니다. 화석이 발견되더라도 진위에 대한 논란이 끊이지 않았기에 중요한 사료로 간주되기 어려웠습니다. 학계는 자바인을 인류의 조상으로 받아들이지 않았습니다.

20세기 초에 아시아 기원론은 새로운 국면으로 전개되었습니다. 19세기 말에는 동남아시아가 기원지로 주목을 받았다면 20세기에 들면서는 중앙아시아로 관심이 옮겨졌습니다. 미국 자연사 박물관의 헨리 오스본Henry Osborn은 인류가 중앙아시아에서 발생하여 세계 곳곳으로 확산했다는 가설을 내놓았습니다. 올리고세Oligocene, 마이오세Miocene에 히말라야산맥이 치솟고 광활한 중앙아시아 고원 분지가 만들어지자 새로운 환경에 적응하기 위해 두 발로 걷는 영장류가 진화했는데 그것이 바로 인류 최초의 조상이라는 가설이었습니다. 동남아시아를 인류의 기원지로 지목했을 때에는 그 지역에 유인원 오랑우탄이 살고 있어서 사람과 오랑우탄을 합친 모습으로 인류의 조상을 상상할 수 있었습니다. 중앙아시아에는 유인원이 살고 있지 않기 때문에 조상의 모습을 쉽게 상상할 수 없었습니다. 그 대신 중국에서 발견된 거대한 화석 유인원 기간토피테쿠스가 그 자리를 차지했습니다. 앞서 말한 것처럼 기간토피테쿠스는 인류가 거인의 자손이라는 시나리오에 포함되었습니다.

20세기 초에 중앙아시아 가설이 유행한 배경에는 기후 가설이 있습니다. 기후 가설은 살기 힘든 냉대 지역이나 살기 편한 열대 지역이 아닌 온대 지역, 그중에서도 건조하고 광활한 초원 지대가 지능의 발달에 필요한 자극을 제공하여 인류가 가장 발달할 수 있었다는, 다분히 식민주의적이고 인종차별적인 내용을 담고 있습니다. 기후 가설과 중앙아시아 기원론이 유행한 데에는 20세기 초 유럽 식민주의의 역사가 연관되었을 것입니다. 1970년대와 1980년대 한국의 중고등학교에서도 기후 가설을 가르친 적이 있습니다.

중앙아시아 가설은 수많은 탐험대원을 몽골의 고비Gobi 사막으로 이끌었습니다. 이들은 모두 아시아에서 화석 인류를 찾겠다는 목표를 가지고 있었습니다. 오르도스Ordos에서 발견된 고인류 화석은 몽골과 티베트의 건조한 고원지대에서 인류가 기원했다는 생각을 뒷받침하는 중요한 자료가 되었습니다. 광활한 초원이 끝없이 펼쳐지고 곳곳에 울창한 숲이 자리 잡은 중앙아시아 고원 분지는 인류의 조상이 살기에 딱 좋아 보이는 곳이었습니다. 그리고 그곳에는 당시 서부 유럽에서 가장 주목받던 청나라가 있었습니다. 1920년대에는 인류 조상의 화석을 찾으려는 유럽의 학자들이 청나라의 수도 베이징으로 대거 모였습니다.

베이징에 모인 유럽 학자들은 '용뼈'를 찾아다녔습니다. 베이징 근처의 롱구산龙骨山은 '용뼈'와 '용이빨'이 발견되기로 유명해 '용뼈고개'라고도 불리는 곳이었습니다. 학자들은 그 '용뼈'가 사실은 화석이라는 것을 잘 알고 있었습니다. 지역 주민들도 외국인 학자들이 용뼈를 찾으러 다닌다는 것을 잘 알고 있었습니다. 주민들은 용뼈를 구해 한약방에 높은 가격을 받고 팔기도 하고, 용뼈가 나오는 지점에 대한 정보를 팔기도 했습니다. 구나르 안데르손Gunnar Andersson이 1921년 룽구샨에서 어금니 하나를 발굴하고 그 뒤를 오토 즈단스키Otto Zdansky가 이었습니다. 즈단스키에 의해 1923년까지 발굴이 계속되어 또 다른 어금니를 발견했습니다. 룽구샨이 바로 지금의 저우커우뎬 호모 에렉투스 유적입니다.

즈단스키의 뒤를 이어 캐나다의 고생물학자 데이비드슨 블랙이 저우커우뎬에서 발굴을 계속했습니다. 1919년 베이징의 한 의과대학에 해부학 교수로 온 블랙은 1927년부터 시작한 저우커우뎬 발굴의 총책임자가 되었고, 미국 록펠러 재단의 후원으로 설립된 신생대 연구소의 소장이 되었습니다. 블랙 또한 중앙아시아 기원론에 큰 영향을 받은 인물이었으며, 그의 지휘하에 발굴된 저우커우뎬의 유물들은 중앙아시아 기원론의 주요 자료가 되었습니다.

블랙은 저우커우뎬에서 발견된 어금니에 베이징인Peking Man이라는 별명을 붙였습니다. 그는 어금니를 시작으로 발굴비를 지원받아 본격적으로 발굴을 시작하고자 했습니다. 블랙에게는 발굴을 시작하자마자 머리뼈와 다리뼈를 발견한 뒤부아와 같은 행운은 없었습니다. 겨우 어금니 몇 점밖에 발굴하지 못했지만 블랙은 새로운 종명을 발표합니다. 시난트로푸스 페키넨시스Sinanthropus pekinensis. 시난트로푸스는 '중국(시나)의 인류(안트로푸스)'라는 뜻을 의미하고, 페키넨시스는 베이징(페킹)을 기념하는 이름입니다. 어쩌면 이보다 더 정치적인 이름은 없을지도 모릅니다. 첫 어금니에서 비롯한 새로운 종이 발표되자 곧이어 탄탄한 재정적 후원과 국제적인 관심으로 이어졌습니다. 블랙의 지휘하에 발굴 실무를 담당한 중국 측 학자 중 페이원중裴文中은 중국 고인류학의 시조가 됩니다.

블랙은 저우커우뎬 동굴 발굴에서 출토된 어금니의 주인이 '현생인류 못지않게 큰 두뇌'를 가지고 있었을 것이라고 추측했습니다. 물론 어금니를 가지고 두뇌 크기를 추정할 수는 없습니다. 블랙이 추측한 큰 두뇌는 저우커우뎬에서 나온 어금니를 분석한 결과가 아닙니다. 인류의 조상이 큰 두뇌를 가지고 있다는 것은 '모두 알고 있는 사실'이었기 때문입니다. 스스로에게 호모 사피엔스, '지혜로운 사람'이라는 이름을 붙인 사람이 가장 자랑스럽게 생각하는 특징은 지혜와 똑똑함이었고 그것이 담겨 있는 신체 부위가 바로 머리였기 때문입니다. 세상에서 가장 똑똑한 동물인 호모 사피엔스의 조상이므로 머리는 당연히 커야 했습니다. 저우커우뎬에서는 화석뿐만 아니라 다양한 고고학 자료도 함께 쏟아져 나오기 시작했습니다. 저우커우뎬에서 발견된 불을 사용한 흔적과 동물을 사냥해서 잡은 흔적을 통해서 고인류의 일상과 환경 적응 과정을 들여다볼 수 있었습니다. 추운 빙하기 동굴에서 불을 만들어 지피고 돌로 도구를 만들어 야생마를 잡아서 불에 익혀 먹는 모습은 그야말로 거친 환경에 굴하지 않고 머리를 써서 문화를 창조하고 적응해 나가는 멋진 인류의 모습 그 자체였습니다.

그리고 1929년의 추운 겨울, 발굴 시즌의 마지막 날에 페이원중은 드디어 머리뼈를 발견했습니다. 3년에 걸친 발굴 끝에 발견된 머리뼈의 두뇌 용량은 현생인류 평균 두뇌 용량의 3분의 2를 조금 넘는 비교적 큰 용량이었습니다. 이는 큰 두뇌가 인류의 진화에서 가장 이르고 중요한 동력을 제공했다는 생각을 뒷받침해 주었습니다. 계속되는 고인류 화석의 발견은 중앙아시아 기원론에 힘을 실어주고 중앙아시아는 인류의 기원지로서 위치를 굳혔습니다. 1934년 어느 날 아침 연구실 책상 위에서 심장마비로 사망한 채로 발견된 블랙의 뒤를 이은 사람은 나치 독일의 유대인 탄압을 피해 미국을 거쳐 중국으로 온 프란츠 바이덴라이히였습니다. 최소 40개체분의 고인류 화석과 상당한 양의 고고학 유물을 발견하면서 진행되던 저우커우뎬의 발굴은 일본이 중국을 침략하여 중일전쟁이 시작된 1937년에 휴지기에 들어갔습니다.

제2차 세계대전 이후에는 인류의 기원지로 아프리카가 두각을 드러냈습니다. 수백만 년 전에 아프리카에서 시작한 인류가 겨우 수십만 년 전에 큰 몸집과 뛰어난 사냥 도구를 가지고 호모 에렉투스로서 아시아에 왔다는 가설이 정설로 자리 잡았습니다. 20세기 초에 인류의 기원지로 아무도 의심하지 않았던 아시아가 20세기 후반에는 인류의 기원과 아무런 상관이 없는 땅이 되었습니다.

인류가 기원한 아프리카와, 네안데르탈인과 호모 사피엔스가 기원한 유럽에 다이내믹한 역할이 주어졌다면 아시아에는 호모 에렉투스가 살다 스러져 간 고요하고 정적인 역할이 주어졌습니다. 적어도 20세기 말까지 세계 고인류학계가 마련한 무대에서는 그렇습니다. 100만 년 전, 150만 년 전의 오래된 고인류 화석 연대가 중국에서 간혹 발표되었지만

조지아 드마니시Georgia Dmanisi에서 발견된 화석 머리뼈와 턱뼈.

구미 고인류학계의 인정을 받지는 못했습니다. 영어가 아닌 중국어로 중국의 학술지에 발표되는 연구 내용은 많은 사람들에게 널리 알려지지 않았고, 측정된 연대의 과학적 신뢰도에 의문을 가지는 학자들이 많았기 때문입니다. 구미 학계에서 아시아 기원론을 주장하는 학자인 로빈 데넬Robin Dennell은 예외적인 경우입니다.

1994년에 인도네시아 호모 에렉투스 화석의 연대를 160만 년 전으로 측정한 논문이 《사이언스》에 발표되자 학계가 술렁거렸습니다. 그러나 당시 수십만 년 전으로 정리되었던 아시아 호모 에렉투스의 연대에 무려 100만 년을 더 보탠 연대는 쉽게 인정되지 않았습니다. 아무리 유

인류의 진화

수한 과학지에 발표된 논문이라도 말입니다. 곧이어 조지아의 드마니시에서 발견된 호모 에렉투스 화석의 연대가 160만 년 전에서 180만 년 전으로 발표되고 엄정한 심사 끝에 학계의 인정을 받게 되었습니다. 아프리카에서 180만 년 전에 기원한 호모 에렉투스가 100만 년을 지나고서야 아프리카 외의 지역으로 확산했다는 가설이 깨졌습니다. 게다가 유라시아에서 발견된 호모 에렉투스의 시점이 아프리카에서 발견된 시점과 큰 차이가 나지 않는다는 사실이 밝혀지게 된 것입니다.

중국의 샹첸에서 210만 년 된 고인류의 흔적을 발견했다는 논문이 2018년에 발표되었습니다. 샹첸에서는 화석이 발견되지 않았지만 대신 석기가 발견되었으며, 측정된 연대 역시 인정받았습니다. 유라시아에서 가장 오래된 고인류의 흔적이 아프리카의 호모 에렉투스보다도 더 오래된 연대를 가지고 있다면, 데넬이 그동안 주장해 왔듯 호모 에렉투스가 유라시아에서 기원했다는 아시아 기원론이 일말의 고려할 가치도 없는 가설은 아닐지도 모릅니다. 앞으로의 연구 결과가 기대되는 주제입니다.

한반도가
반도가 아니었다면

한반도가 반도가 아니었던 적이 있다고 하면 어떨까요? 이게 무슨 소리인가 싶겠지만, 사실 한반도에서 고인류가 살아온 시간 중 상당한 시간 동안 '한반도'는 없었습니다. 지금은 바닷물로 가득 찬 서해 쪽이 옛날에는 육지였습니다. 그 시절, 지금의 서해안 변산반도에 해당하는 곳에서 서쪽으로 계속 걸어나가면 지금의 중국에 다다랐을 것입니다. 이 믿기 어려운 이야기는 아무런 가감이 없는 실제 이야기입니다.

대략 500만 년 전에 시작한 인류 계통이 첫 수백만 년 동안 아프리카에서만 살다가 유라시아로 확산한 것은 호모속이 시작한 200만 년 전입니다. 이때부터 플라이스토세가 시작되었습니다. 플라이스토세는 본격적인 빙하기 주기가 시작된 시기이기도 합니다. 지금의 한반도는 아시

인류의 진화

아 대륙에서 살짝 튀어나와 3면이 바다로 둘러싸인 반도의 모양을 하고 있지만 플라이스토세의 끝 무렵까지도 서해는 육지였습니다. 이때 기온이 떨어지고 수분이 빙하에 묶여 있었기에, 해수면이 내려가고 바닷물로 덮여 있던 곳이 그대로 드러나 육지가 되었습니다. 특히 서해는 대부분이 대륙붕으로 구성되어 있어서 지금도 수심이 그다지 깊지 않은 곳입니다. 해수면이 내려가면 그대로 육지가 될 수밖에 없는 지형인 것이지요. 한반도는 인류의 진화 역사 중 상당 기간 아시아의 대륙과 육지로 직접 연결되어 있었던, 반도가 아니라 유라시아 대륙의 동쪽 지역의 일부였던 것입니다. 한국의 고인류학 자료를 살펴볼 때 아시아 대륙 전체와 떼어서 생각할 수 없는 이유가 바로 이것입니다.

가장 극심한 빙하기에는 해수면이 150미터까지도 내려갔던 것으로 추정됩니다. 지금 수심이 150미터 이하인 바다는 육지가 된 적이 있었다는 뜻입니다. 서해도 그러한 지역 중 하나입니다. 그런 빙하기 중간중간에 따뜻했던 기간이 있었습니다. 북반구에 햇빛이 더 들고 따뜻해집니다. 열대 지역이 북쪽으로 확장됩니다. 이때 빙하가 녹고 눈과 비가 늘어나며 해수면이 높아집니다. 이를 간빙기라고 합니다. 지금 우리가 살고 있는 홀로세Holocene 역시 간빙기입니다. 플라이스토세에 접어들면서 빙하기가 시작되었고, 홀로세가 시작하는 1만 년 전까지 빙하기와 간빙기가 번갈아 찾아오는 주기가 반복되었습니다. 플라이스토세의 고인류는 이렇게 빙하기와 간빙기가 바뀌면서 그때마다 새로운 환경에서 살아가야 했습니다. 인류가 아시아에서 살아온 200만 년 동안 주기

약 13만 6,000년 전

약 12만 1,000년 전

약 4만 3,000년 전

약 1만 8,000년 전

서해의 해수면 변화. 서해는 항상 바다였던 것이 아니다. 극심한 빙하기에는 육지가 되고, 간빙기에는 다시 바다가 되는 역동적인 변화가 주기적으로 반복되었다.

가 반복되면서 서해는 바다가 되었다가 다시 육지가 되기를 반복했습니다.

옛날의 기후와 환경은 어떻게 알 수 있을까요? 바로 식물을 통해서입니다. 식물은 환경에 민감하기 때문에 그 당시 어떤 식물이 살고 있었는지를 알면 그 시기의 온도와 습도 등을 알 수 있습니다. 한반도와 서해는 대부분 스텝Steppe 지역(나무가 없고 짧은 풀이 주로 자라는 평야)이었던 것으로 추정하고 있습니다. 지금의 서해가 순록이 뛰놀던 스텝 지역이었다는 사실은 상상만 해도 신기합니다. 지금의 베링해 역시 순록이 뛰노는 베링 스텝 지역이었던 적이 있습니다. 베링 스텝 지역은 동북아시아에서 동쪽으로 확산하던 고인류가 수천 년을 지냈다가 아메리카 대륙으로 확산을 계속하기도 한 곳입니다.

바닷물의 높낮이는 당시의 기온과 깊은 관계를 맺고 있습니다. 얼마나 추웠는지를 알면 바닷물의 높낮이를 가늠할 수 있습니다. 옛날의 기온을 추정하고 그것을 바탕으로 빙하의 양을 추정하면 상대적으로 바닷물이 얼마나 있었는지를 추정할 수 있습니다. 빙하가 많으면 수분이 얼음의 형태로 묶이고 그만큼 바닷물이 적어지니까 해수면이 내려가고 육지로 드러나기 때문입니다.

얼마나 추웠는지를 알 방법 중 하나는 산소 동위원소입니다. 동위원소는 같은 원소이지만 중성자 수가 다른 원소입니다. 산소는 자연 상태에서 세 가지 안정 동위원소의 형태로 존재합니다. 안정 동위원소는 방사성 붕괴를 일으키지 않는 안정한 원소입니다. 그중 하나인 산소-18은

열 개의 중성자를 가지고 있습니다. 자연에서 산소 중 99퍼센트 이상을 차지하는 산소-16에 비하면 두 개의 중성자를 더 가지고 있는 것이고, 그만큼 더 무겁습니다. 바닷물은 증발하여 공기의 흐름을 타고 추운 극지방으로 옮겨 가는데, 추울 때는 공기 중의 수증기가 다시 눈이나 비가 되어 바다로 떨어지거나 땅으로 떨어져서 강을 타고 결국 바다로 들어갑니다. 이때 산소 중 더 무거운 산소-18이 수증기에서 눈이나 비가 되어 바다로 돌아올 확률이 높습니다. 바다로 돌아온 산소는 바다 밑에서 살고 있는 유공충이라는 플랑크톤의 신진대사를 통해 껍데기에 쌓입니다. 수만 년, 수십만 년이 지나 현대의 과학자들이 수집한 바다 밑 퇴적층에는 유공충의 껍데기가 있습니다. 껍데기에 들어 있는 산소-18이 생각보다 많으면 그 유공충이 살던 당시는 더 추웠다고 볼 수 있습니다.

산소 동위원소는 빙하에서도 추출됩니다. 빙하 속의 산소-16과 산소-18의 비율로 기온을 복원할 수 있습니다. 만약 춥지 않다면 따뜻한 공기 중의 수증기는 계속 기체 상태를 유지하면서 극지방까지 갈 수 있습니다. 극지방의 영구 빙토를 분석해서 그 안에 산소-18이 얼마나 들어 있는지를 재보는 것입니다. 빙하 속에 산소-18이 예상보다 많으면 무거운 산소-18이 중간에 떨어지지 않고 추운 극지방까지 갈 수 있을 정도로 따뜻했다는 뜻입니다.

물론 바닷물의 높낮이는 기온으로만 결정되지는 않습니다. 빙하가 녹아서 바닷물이 많아지면 해수면이 올라갈 것입니다. 그렇지만 바닷물이 많아지면 바다 자체의 무게가 늘어납니다. 바다가 무거워지는 것이지요. 무거워진 바닷물 때문에 해저층이 더 내려앉게 되고 그 결과 해수면이 내려갈 수도 있습니다. 고환경을 복원하는 작업은 이렇게 복잡합니다.

지금 우리에게 가능한 것은 다양한 방법을 동원해서 이 복잡한 과정을 거쳐 당시의 모습을 추정해 보는 것뿐입니다. 고인류가 바라보고 직접 겪었던 세상의 모습은 지금 우리가 보고 있는 세상의 모습과 많이 달랐을 것입니다. 지금 바다가 가로막고 있는 곳을 그들은 걸어서 건넜고 빙하기와 간빙기의 주기를 거치면서 아프리카에서 전 세계로 확산했을 것입니다. 고인류는 아프리카에서 확산할 즈음에 이미 털을 잃고 맨몸에서 땀을 내고 땀을 증발시켜 체온을 조절하게 되었습니다. 털 없이 맨몸으로 빙하기의 살을 에는 추위를 견뎌내기 위해서는 문화적인 적응을 해낼 수밖에 없었을 것입니다. 동북아시아는 비록 빙하로 뒤덮이지는 않았지만 그래도 지금에 비하면 훨씬 춥고 건조했을 것입니다. 그렇게 다양한 환경에서 데니소바인을 비롯한 고인류가 살았습니다. 큰 동물을 사냥하고, 털가죽 옷을 입고, 불을 만들어 몸을 녹이면서 살았을 것입니다.

현재 수많은 섬으로 이루어진 동남아시아는 플라이스토세에 아시아 대륙과 육지로 연결되어 있던 굵직굵직한 땅덩어리였습니다. 고인류학에서 동남아시아는 아시아 대륙의 일부로 봐야 하는 지역입니다. 현재 필리핀, 인도네시아 등의 섬에서 발견되는 고인류 화석은 당시 물로 에워싸인 섬으로 갔던 사람들이 아닙니다. 그들은 섬이 아닌 시절에 걸어서 동남아시아 곳곳으로 퍼져나갔습니다.

　그렇지만 동남아시아의 모든 섬이 지난 200만 년 동안 육지와 이어져 있었던 것은 아닙니다. 아무리 해수면이 내려가도 계속 섬으로 남아 있던 곳이 있습니다. 그런 섬에서 고인류 화석이 발견된다면 과연 놀랍습니다. 해수면이 낮았을 때 걸어서 섬으로 간 것이 아니고 물에 뜨는 탈것을 타고 섬으로 갔을 테니까요.

　플로레스섬에서 발견된 호빗이 그 한 예입니다. 인도네시아에 있는 플로레스섬은 해수면이 가장 낮을 때에도 다른 섬과 육로로 연결되지 않았습니다. 이곳에 어떻게 고인류가 갔을까요? 고인류는 추운 빙하기 유럽을 100만 년 이상 살면서 각종 문화적 도구를 이용해서 환경에 적응했습니다. 유럽의 고인류는 유럽의 환경에 적응할 수 있었지만 아시아의 고인류는 아시아의 환경에 적응할 수 없었다고 보는 것은 말이 되지 않습니다. 호주 대륙에 인류가 살기 시작한 것이 지금으로부터 5만 년 전 정도라는 것을 고려한다면, 인도네시아의 플로레스섬에도 갈 수 있는 문화적 적응 능력을 보유하고 있었다고 보는 것이 합당합니다.

　플로레스섬에 도착한 인류는 수만 년 동안의 섬 생활을 거쳐 섬 왜소화 현상을 겪었을 수 있습니다. 섬 왜소화란 섬이라는 특수한 환경 속에서 동물의 몸집이 색다르게 작아지는 경우를 가리킵니다. 반대로 몸집이 커지는 종도 있습니다. 이를 섬 비대화라고 하는데, 어떤 종이 포식자가 갑자기 사라지면 몸집이 커지는 현상을 말합니다. 플로레스섬으로 이주한 쥐는 새롭게 살게 된 섬에 포식자가 같이 오지 않았기 때문에 포식자가 없어진 상황에서 몸집이 커졌습니다. 그러나 섬으로 들어온 집단은 충분한 다양성을 확보하지 못하면 결국 근친교배 지수가 높아져서 소멸할 가능성이 높습니다. 호모 플로레시엔시스의 끝은 집단 소멸이었을지도 모릅니다.

500만 년 전에 시작하여 근 300만 년을 아프리카라는 엄청나게 큰 대륙에서만 살아온 고인류는 200만 년 전 유라시아라는 새로운 대륙으로 확산하면서 새로운 환경에 살기 시작했습니다. 적응해 온 환경과 매우 다른 환경에 들어간 동물은 멸종하거나 종 분화를 겪게 됩니다. 그러나 인류는 멸종도 종 분화도 하지 않았습니다. 인류는 이미 200만 년 전에 북위 40도보다 더 북쪽으로 진출했습니다. 4만 년 전에는 티베트 고지대까지 진출했습니다. 깊은 바다에서 어로를 할 수도 있고, 황제 다이어트처럼 동물성 지방과 단백질에 의존한 식생활도 가능합니다.

특정한 환경에 적응하여 특정한 생김새를 가지게 되는 동식물과는 달리 사람은 계속 하나의 종에 속한 채 다양한 환경에 적응하는 방식으로 진화해 왔습니다. 인류는 지구의 어떤 환경에서도 살아남을 수 있게 되었습니다. 이제 인류는 어떤 방향으로 나아갈까요? 화성이나 금성으로 이주해서 다른 행성의 환경에 '적응'하는 것 또한 황당무계한 공상은 아닐 것입니다.

한반도의
고인류(1)

다시 한반도를 생각해 봅니다. 중국의 니허완 분지에서 꾸준히 발견되는 고인류 화석과 고고학 유물에서 보듯, 고인류는 호모속이 발생하기 시작한 200만 년 전에 이미 상당히 북쪽까지 확산했기 때문에 한반도 또한 그 활동 범위에 들어 있었을 것입니다. 지금 한반도는 서해를 사이에 두고 아시아 대륙과 마주 보고 있습니다. 한반도에 진출한 고인류는 지금은 서해인 이 광활한 육지를 걸어서 이 땅에 도착했을 가능성이 높습니다. 지금은 베링해이지만 수만 년 전에는 베링 스텝 지역였던 곳을 통해 고인류가 북아메리카 대륙으로 건너간 것처럼 말입니다. 또한 육로로 연결된 동남아시아까지 확산했거나, 동남아시아에서 북쪽으로 확산한 고인류와도 연결되었을 것입니다. 한반도의 고인류는 동유라시아라는 거대한 대륙에 살던 고인류의 일부였을 것입니다. 하지만 한반도의 고인류를 알려주는 실제 자료는 많지 않습니다.

한반도에서 발견된 인류의 흔적으로 가장 오래된 것은 검은모루 동굴이라고 알려져 있습니다. 추정되는 연대는 100만 년 전 혹은 70만 년 전입니다. 호모 에렉투스가 유라시아에 있던 시기입니다. 검은모루 동굴에 가장 가까이 있는 고인류 유적은 162만 년 전의 것으로 인정받은 중국의 공왕링公王嶺 고인류 유적입니다.

검은모루 유적은 북한의 수도 평양 근처에서 1966년에 발견된 석회암 동굴입니다. 검은모루 유적의 존재로 구석기 시대부터 한반도에 사람이 살기 시작했다는 사실이 밝혀졌기 때문에 획기적이고 충격적인 발견이었습니다. 검은모루의 발견으로 1970년대와 1980년대 북한에서는 구석기 연구가 활발하게 진행되었습니다. 이곳에서 발견된 29종의 동물 뼈 화석과 그중 17종의 절멸종 화석 그리고 돌을 내려쳐서 만든 구석기 시대 석기 덕분에 검은모루 동굴은 한반도에서 가장 오래된 유적으로 여겨졌습니다. 그렇지만 검은모루 유적이 과연 100만 년 전 인류가 남긴 흔적일까요?

인류의 흔적이라고 인정받기 위해서는 인류의 몸이 화석으로 남아 있거나 인류의 행위 흔적이 남아 있어야 합니다. 검은모루 유적에서는 고인류 화석이 하나도 발견되지 않았습니다. 고인류의 몸이 없다면 인류가 제작·사용한 흔적이 분명한 도구가 있거나 혹은 도구를 사용한 흔적이 남아 있는 대상이라도 있어야 합니다. 검은모루 유적이 인류의 흔적이라고 주장하는 쪽에서는 그 증거로 동굴에서 발견된 동물 뼈와 석기 등을 들고 있습니다.

그렇지만 검은모루에서 발견된 석기가 과연 석기인지는 분명하지 않습니다. 석기라면 인류가 제작한 흔적이 분명하거나 사용한 흔적이 분명해야 합니다. 돌을 쳐서 석기로 만들었다면 돌이 굴러다니면서 자연적으로 부딪혀서 생긴 자국과는 다른, 때리거나 뗀 자국이 남습니다. 고고학자들은 수많은 연구 끝에 인공 흔적을 알아볼 방법을 개발했습니다. 문제는 한반도에서 발견된 구석기가 주로 석영으로 만들어져 있다는 것입니다. 석영은 사람이 의도를 가지고 때리거나 떼어낸 자국과 자연적으로 생긴 자국을 구분하기 어렵습니다. 인류가 만들어 낸 석기라는 증거가 분명하지 않다는 뜻입니다.

석기를 제작한 흔적이 분명하지 않다면 석기를 사용한 흔적이 돌날에 남아 있는지 알아보면 어떨까요? 인류가 쓰다가 버린 석기라면 돌날에 사용 흔적이 남아 있을 것입니다. 그러나 검은모루에서 나온 석기에 사용흔이 있다는 이야기는 들려오지 않고 있습니다. 여러 번 써서 무뎌진 돌날을 다시 손질해서 날을 세울 수도 있지만 검은모루의 석기에서 재손질의 흔적이 발견되었다는 소식 또한 없습니다.

석기의 돌날에 남겨진 사용흔 외에 동물 뼈에 돌날의 흔적이 있는지도 확인할 수 있습니다. 동아프리카에서 발견된 260만 년 전 고인류 화석인 오스트랄로피테쿠스 가르히의 경우 고인류 화석과 함께 발견된 동물 뼈에 석기의 흔적이 남아 있습니다. 하지만 검은모루에서 나온 동물 뼈에 그러한 돌날의 흔적이 있다는 언급은 없습니다. 검은모루에서 발견된 석기는 인류가 제작한 흔적도, 사용한 흔적도 분명하지 않습니다. 결론적으로 검은모루에는 인류의 흔적이 분명하게 나타나지 않는다는 것입니다.

검은모루의 연대는 50만 년 전으로 주장되었다가 근래에 100만 년 전으로 상향 조정되었습니다. 하지만 어느 쪽도 방사성 원소를 통한 절대연대 측정법으로 측정된 결과가 아닙니다. 석기가 나온 지층에서 발견된 동물 뼈가 어떤 동물의 뼈인지 확인하는 것으로 연대를 추정한 것입니다. 검은모루에서 발견된 동물 뼈가 중국의 호모 에렉투스 유적인 저우커우뎬 제1지점에서 발견된 동물상과 비슷하다고 판단하고, 그 유사성에 의거하여 저우커우뎬 제1지점의 연대인 50만 년 전을 참고해 검은모루의 연대를 추정했습니다.

근래 북한 학계에서는 동물 화석의 동정을 재검토하여 연대가 더 올라가는 멸종동물이라는 주장을 하면서 검은모루 유적을 50만 년 전이 아닌 100만 년 전으로 연대를 훨씬 더 올려서 보고 있습니다. 검은모루 동굴에서 출토된 동물 뼈가 중국의 저우커우뎬 제1지점이 아니라 제1지점의 아래층에서 발견된 동물상과 비슷하다는 결론에 의거한 것입니다. 그러나 정확한 연대 측정 방법을 통해 추정되지 않는 한 50만 년 전이든 100만 년 전이든 그다지 신뢰할 만한 주장이라고 볼 수 없습니다.

검은모루의 지층은 모래층과 자갈층으로 이루어져 있습니다. 동굴 속으로 물이 들어와서 쌓였다는 뜻입니다. 또한 검은모루 동굴에서 나

인류의 진화

온 동물 뼈는 물소, 원숭이, 큰쌍코뿔소, 코끼리와 같이 온난 습윤한 아열대기후에서 사는 동물들의 뼈입니다. 지금보다 따뜻하고 습윤한 환경이라면 강의 수량도 훨씬 많았을 것입니다. 검은모루의 동물 뼈는 동굴 가까이 지나는 강의 수량이 증가했던 시기에 쓸려 들어와 퇴적되어 남은 흔적일 가능성이 큽니다.

검은모루에서 발견된 동물 뼈는 수십만 년 전, 100만 년 전에 살았던 동물이 남겼을 가능성은 분명 높습니다. 그러나 그 뼈의 존재만으로 그곳에 고인류가 살았다고 결론을 내리기는 어렵습니다. 신뢰할 만한 연대를 알기 어려운 데다 인류의 흔적 또한 분명하지 않기 때문입니다. 결론적으로 검은모루를 한반도 최초의 인류 흔적이라고 인정하기는 어렵습니다.

검은모루 외에는 비슷한 시기의 고인류 유적이 없는 상황에서 유일한 유적인 검은모루를 기점으로 북한에서는 구석기 연구가 활발하게 진행되기 시작했습니다. 북한에서 그동안 발견된 구석기 시대 유적의 대부분이 검은모루가 발견된 후 20여 년 동안, 1970년대와 1980년대에 발견되었습니다. 북한의 주장에 대해 회의적이거나 적대적이기까지 한 남한에서도 검은모루가 100만 년 전 인류 유적이라는 주장을 그대로 받아들이고 교과서에 수록하였습니다. 검은모루는 북한에서 문화 유물 제27호로 지정되어 있습니다.

남북한 모두 한반도에서 사람이 살기 시작한 지 얼마나 오래되었는지에 관심을 보이는 이유에는 역사적인 배경이 큰 몫을 합니다. 20세기

초 한반도를 식민지로 만들었던 일본 제국은 한반도의 인류 역사가 그다지 오래되지 않았다고 주장하고, 이를 한반도를 식민지로 만들어야 하는 이유의 하나로 삼았습니다. 식민지를 병탄하면서 식민지의 역사가 그다지 오래되지 않았고 그다지 주목할 만한 역사도 없다고 강조하는 것은 식민제국주의가 자주 채택해 온 전략이기도 합니다. 그 후 1920년대와 1930년대 일제 학자들이 주도한 고고학 발굴을 통해 한반도 고고학 유물 유적의 연대가 그렇게 오래되지 않았다는 주장이 정설로 받아들여지게 되었습니다. 그에 비해 일본에서는 오래된 구석기 시대 유적이 발견되었기 때문에 큰 대조를 이루었습니다.

일제의 식민사관에 대한 반발로 한반도의 역사가 깊었고 주목할 만한 역사가 있었음을 강조해 온 것은 민족주의 사학자들 나름의 노력이었습니다. 하지만 21세기 첫 사반세기를 지낸 지금, 한반도에서 인류가 살았던 역사가 그렇게 깊지 않았다는 가설에 위협을 느끼지 않아도 될 만큼 우리나라 또한 성숙하고 성장했다고 생각합니다. 검은모루에 대해서도 학계가 차분하게 되짚어 보기를 기대합니다.

뒤에 좀 더 자세히 이야기할 용암 속의 '화대 사람'을 제외하면 평양 대현동 력포리에서 발견된 '력포 사람'이 현재 한반도에서 발견된 가장 오래된 고인류 화석입니다. 력포 사람은 7~8세로 추정되는 어린이로서 앞머리뼈, 옆머리뼈, 윗머리(정수리)뼈가 남아 있습니다. 력포 사람에게는 네안데르탈인(고인)과 호모 사피엔스(신인)의 특징이 섞여서 나타납니다. 그렇지만 력포 사람이 보여주는 특징이 고인류와 신인류의 특징이 함께 나타난 결과인지 아니면 나이가 어린 개체이기 때문인지는 정확히 알 수 없습니다. 현생인류의 뼈가 더 작고 가늘지만 어린 나이의 뼈 역시 작고 가늘기 때문입니다.

력포 유적은 위도상으로 중국의 대표적인 호모 에렉투스 유적인 저우커우뎬과 비슷한 위치에 있으며, 고환경적으로 별반 다르지 않을 것입니다. 력포 사람은 발견 후 상당 기간 동안 연대를 올려서 보는 경향이 강했으며 호모 에렉투스로 분류하려는 움직임도 있었지만, 근래의 북한 자료를 살펴보면 그다지 오래된 화석이 아니라는 입장으로 정리되고 있습니다. 고인과 신인의 형질이 함께 어우러져 나타나는 중기 플라이스토세 말, 후기 플라이스토세 초 10만 년 전 정도로 연대를 추정하는 것이 일반적입니다. 력포 유적 외에 평양 근처 승리산 유적의 아래 층위에서 발견된 '덕천 사람'은 어금니 두 점과 어깻죽지뼈가 전부입니다.

이 밖에 북한에서 발견된 고인류 화석은 모두 현생인류입니다. 여기에는 승리산, 금천, 중리, 금평, 만달, 룡곡, 대흥, 랭정, 풍곡, 황주 등의 고인류 유적이 모두 포함됩니다. 이들은 한반도에서 살았던 옛사람에 대해 중요한 정보를 제공할 수 있지만, 이들이 제공하는 정보는 정확하게는 종 단위의 진화를 다루는 고인류학보다는 호모 사피엔스 안에서의 적응과 진화를 다루는 생물고고학의 영역에 가깝습니다.

남한에서도 고인류 화석은 극히 드물어서 북한보다도 적은 수가 발견되었으며, 대부분 1980년대에 충청북도의 동굴 조사에서 발견되었

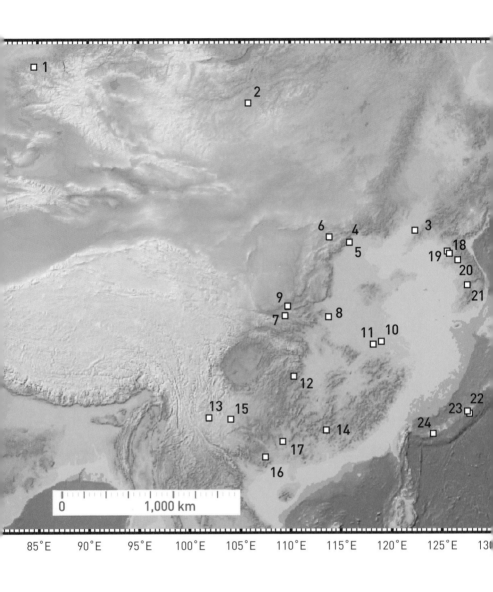

동북아시아의 지형도와 고인류, 고고학 유적. 2만 년 전 150센티미터 낮아진 해안선을 기준으로 만든 지도. 서해가 사라지고 한반도는 육로로 서해안과 아시아 대륙에 연결된다.

(미국 NASA 자료 이용, GebMapApp v.3.6.8 사용)

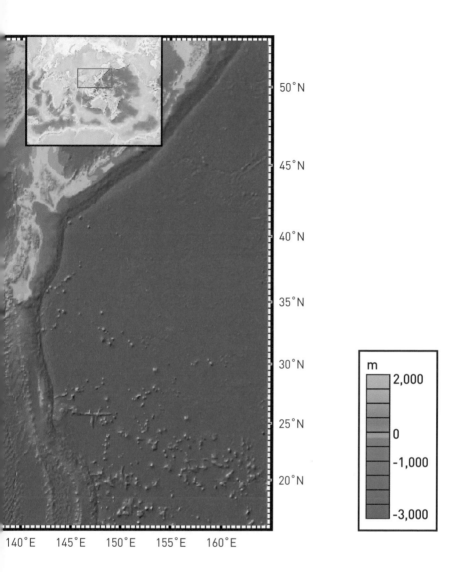

지도에 숫자로 표시된 유적은 다음과 같다.
①데니소바 ②살크히트 ③진뉴샨 ④티엔위엔 ⑤저우커우뎬 ⑥쉬지아야오 ⑦란티안
⑧슈창 ⑨따리 ⑩난징 ⑪허시엔 ⑫후앙롱 ⑬윈시엔 ⑭마바 ⑮따동 ⑯지렌동 ⑰라이빈
⑱만달 ⑲룡곡 ⑳력포 ㉑두루봉 ㉒미나토가와 ㉓야마시타-초 ㉔시라호-사오네타바루

습니다. 머리뼈 화석은 상시와 흥수에서 발견되었으며, 그 밖의 유적에서 나온 인골은 머리뼈가 없고 몸통, 팔다리, 발의 뼈 일부만 있습니다.

충청북도 단양군에서 발견된 현생인류인 '상시 사람'은 충북 단양군 제천에서 20킬로미터 떨어진 야산에 위치한 유적에서 발견되었습니다. 우라늄 계열 측정으로 3만 년 전이라는 연대가 나왔는데 인골이 나온 지층은 3만 년보다 더 이전의 지층으로 추정됩니다. 네 점의 옆머리뼈와 뒷머리뼈 조각, 오른쪽 어깻죽지뼈, 오른쪽 아래팔뼈와 위팔뼈 그리고 이 수 점이 발견되었습니다.

교과서에도 등장하고 박물관에서 자주 전시되어 잘 알려진 한국의 고인류 '흥수 아이'는 충청북도 청주시의 남쪽에 위치한 두루봉 동굴의 일부인 흥수 동굴에서 발견되었습니다. 흥수 아이는 4만 년 전 고인류 화석이라고 알려져 있는데, 그렇다면 동아시아에서 보기 드물게 오래된 매장 유구입니다. 하지만 흥수 아이가 구석기 시대의 유골이라는 가설을 뒷받침해 줄 증거 자료는 희박합니다. 흥수 아이의 뼈는 오래된 화석이라고 보기에는 전반적으로 화석화가 많이 진행되지 않았으며 4만 년 전이라는 연대를 분명하게 뒷받침해 줄 절대연대 자료가 없습니다. 흥수 아이의 연대를 측정하려는 시도는 여러 차례 있었으나 대부분 실패하고 17~19세기(1630~1893)라는 방사성 탄소 연대가 유일하게 발표되었습니다. 17~19세기라면 조선 시대의 인골이라는 뜻입니다. 또한 흥수 아이는 많은 충치를 가지고 있는데 구석기 시대 고인류에게 충치는 불가능하지는 않지만 드뭅니다. 충치는 농경이 정착된 이후에 급격

충북대학교 박물관의 흥수 아이 유골.

히 늘어납니다. 흥수 아이가 4만 년 전까지도 올라갈 수 있는, 한국에서

가장 오래된 구석기 시대의 고인류 화석이라는 주장은 아직 학계의 검

증을 거치지 않았습니다. 여러 정황상으로 볼 때 흥수 아이는 구석기 시

대에 매장된 고인류 화석이라기보다는 농경이 자리를 잡은 이후인 홀

로세의 인골일 가능성이 높습니다.

한국에서 고인류학을 고려할 때 가장 크게 대두되는 문제점은 자료

의 한계입니다. 한반도에서 발견된 고인류 화석의 수는 극히 적으며, 해

당 고인류 화석을 소개하는 논문들이 주로 한국어로 되어 있어 국제 고

인류학계의 주류인 영어권 학자들이 접근하기가 어려웠습니다. 또한

고인류 화석의 상당수는 북한에서 소장하고 있어서 화석을 직접 관찰

할 기회가 극히 제한되어 있고 따라서 북한에서 낸 출판물에 의존할 수밖에 없는 상황입니다. 남한에서 출토된 몇 점의 고인류 화석 역시 많은 연구 논문이 발표되어 있지 않아서 접근이 쉽지 않습니다. 신빙성 있는 연대를 확인할 수 있는 자료가 거의 없습니다. 특히 중기 플라이스토세 이후에는 고인류 화석의 생김새만으로는 연대를 추정할 수 없습니다. 따라서 한국의 구석기 고고학과 고인류 화석은 동반 유물이 있는 경우 동반 유물의 형태학과 분류학상으로 연대가 추정되거나, 멸종 동물 화석이 있는 경우 그에 기초하여 연대가 추정됩니다.

지금 바닷물로 뒤덮인 서해가 육지였던 시절에 아시아 대륙에서 살았던 고인류의 흔적은 바다 밑으로 사라졌습니다. 고인류 화석이나 고인류가 만들고 사용했던 도구들은 바닷물의 바닥 해저층 아래에 묻혀 있을 것입니다. 수중 고고학이 발달하여 언젠가는 서해 대륙에서 살던 고인류의 모습을 볼 수 있기를 바랍니다.

한반도의
고인류(2)

한반도가 반도가 아니었던 시절에는 한반도에서 화산 활동이 활발했던 시절도 있었습니다. 백두산 위의 천지, 한라산 위의 백록담 역시 화산 폭발 후에 만들어진 호수입니다. 동해와 맞닿은 함경북도 화대군 석성리에는 화산의 분출 과정에서 만들어진 나지막한 산이 있습니다. 2000년에 이곳에서 도로포장 공사를 위한 채석 작업 중에 작업이 전면 중단되는 일이 벌어졌습니다. 사람 뼈가 발견되었기 때문입니다. 북한 학계는 곧이어 진행된 발굴 과정에서 세 명분에 해당하는 고인류 화석이 발견되었다고 발표하고 '화대 사람'이라고 이름을 붙였습니다.

사람 뼈는 용암이 굳어져서 만들어진 분출암 속에 묻힌 상태입니다. 머리뼈의 바깥쪽은 용암에 파묻혀 있기 때문에 살펴볼 수 없고, 돌이 깨진 면으로 드러난 부분을 통해 조금씩 정보를 구할 수 있습니다. 머리뼈, 골반뼈, 다리뼈 등이 발견되었고, 고온으로 인해 뼈가 말리는 등 변화되었다는 이야기도 접할 수 있습니다.

화대 사람은 세 사람분의 인골로 이루어져 있습니다. 인골 하나는 입천장의 봉합 부분이 완전히 닫혀 있어서 어른이라고 보고 있습니다. 귀뒤뼈의 모습을 보아 여자로 추정한다고 합니다. 대개 남자보다 여자가 이 부분이 작은 편이지만 정확한 성별 추정 방법은 아닙니다. 북한에서 나온 보고서에 따르면 앞니의 각도 등에서 오래된 고인류의 특징이 보인다고 합니다. 세 사람분의 인골을 성인 여성 한 명과 미성년 한 명 그리고 어린이 한 명으로 추정했습니다만, 용암 속에서 고열로 쪼그라들고 말린 뼈의 모습에서 연령과 성별을 추측하는 것은 무리입니다.

화대 사람의 머리뼈는 섭씨 1,400도에 달하는 용암 속에서 많은 부분이 없어졌습니다. 용암에 묻히는 순간 모든 살은 타고 뼛속 수분은 증발했지만 일부분이 높은 온도에서도 남아 화석이 되었다고 추정할 수 있습니다. 북한의 대표적인 고인류학자 장우진은 화대 사람의 연대를 30만 년 전으로 추정했습니다. 30만 년 전이라면 중기 플라이스토세, 중국의 호모 에렉투스와 겹치는 시기로, 인류의 진화 역사에서 매우 중요한 시기입니다. 이 주장대로라면 화대 사람은 한반도에서 발견된 화석 인류 중 가장 오래된 것입니다.

30만 년 전이라는 연대는 열형광법과 고지자기법을 이용하여 추정한 것입니다. 열형광법은 시료에 모인 빛 입자의 양에서 연대를 측정하는 방법입니다. 오래된 시료에는 빛 입자가 많이 모였고, 오래되지 않은 시료에는 그다지 많은 빛이 모여 있지 않습니다. 그런데 문제는 언제부터 빛이 모이기 시작했는지입니다. 폭발과 함께 그동안 모였던 빛이 나가고 처음부터 다시 빛 입자가 모이기 시작합니다. 마침 폭발의 시점이 우리가 측정하고 싶은 사건이라면 딱 맞는 연대 측정 방법입니다. 열형광법과 고지자기법은 둘 다 정확하지 않기 때문에 고인류학에서는 많이 쓰이지 않지만, 화산 폭발의 시점이 마침 흥미로운 시점이라면 적절한 연대 측정법입니다. 화대 사람의 경우, 화산 폭발의 시점이 바로 화대 사람이 죽은 시점이라면 폭발의 시점이 곧 화대 사람의 연대가 됩니다.

물론 화산이 폭발한 시점이 화대 사람이 죽은 시점이 아닐 수도 있습니다. 화산이 폭발했을 당시 이미 화석 상태로 존재하던 화석일 수도 있기 때문입니다. 그렇다면 고인류 화석의 연대는 화산 폭발보다도 훨씬 더 이른 시기로 올라갈 것입니다. 북한 학계에서는 화대 석성리 지역에서 화산 활동 흔적을 다섯 군데 찾았습니다. 그리고 그 다섯 군데의 화산 활동은 10만 년 전에서 70만 년 전 사이에 이루어졌다고 추정했습니다. 그중 열형광법으로 30만 년 전이라고 연대가 측정된 용암이 화대 사람을 덮쳤다고 주장했습니다. 30만 년 전의 고인류가 한반도에서 발견되었다면 참으로 좋은 소식이지만, 확실한 자료인지는 좀 더 엄밀한 학계의 검증을 기다려야 할 것입니다. 2023년에는 이탈리아 알타무라에서 아직 출토되지도 않은 고인류 화석을 흙 속에 묻힌 상태에서 스캔하여 생김새를 파악하고 비교·분석한 연구 논문이 발표되었습니다. 이 논문을 읽으면서 화대 사람을 생각했습니다. 앞으로 스캔 기술의 발달로 용암 속에 묻혀 있는 부분까지 알 수 있기를 기다려 봐야 하겠습니다. 이 시기 동북아시아에서는 고인류가 의외로 많이 발견되니까 앞으로 많은 화석이 발견될 것이라는 희망을 가져 볼까요?

한반도의 주변인 동북아시아에서는 꾸준히 고인류의 흔적이 발견됩니다. 2021년 6월 호모 롱기라는 새로운 고인류 화석종이 발표되었습니다. '롱기'라는 이름은 중국어로 '용'이라는 뜻입니다. 20세기 초 화석들이 용이빨, 용뼈라는 이름으로 약재로 팔리던 시절을 생각하면 아이러니한 일입니다. 호모 롱기는 1933년에 하얼빈 쑹화강松花江의 다리 건설 현장에서 발견되었습니다. 그 후 거의 100년 동안 허베이河北 대학교에 보관되어 오다가 드디어 연구되어 새로운 화석종의 시작을 알리는 논문으로 발표된 것입니다.

하얼빈 머리뼈는 얼굴이 거의 모두 남아 있지만 건설 현장에서 발견되었기 때문에 정확한 출토 지점을 알 수 없습니다. 따라서 연대를 측정할 수 있는 지층을 구할 수 없었지요. 그런데 기발한 방법으로 하얼빈 머리뼈 중 콧구멍 속에 남아 있는 흙을 분석하여 14만 년에서 30만 년 전 사이로 연대를 측정했습니다. 머리뼈에 대한 우라늄 연대 측정 결과 역시 14만 년 전으로 비슷합니다. 두껍고 튀어나온 눈썹뼈, 낮고 앞뒤로 긴 머리뼈, 1,400cc를 웃도는 두뇌 용량은 이 시기 고인류에게서 흔히 볼 수 있는 특징입니다. 그 당시에 살았던 고인류가 가지고 있음직한 모습을 하고 있습니다. 화대 사람이 화석으로 남아 있다면 바로 이렇게 생겼을 것입니다.

하얼빈 화석이 발견된 지역은 북위 45도가량의 지역입니다. 이처럼 상당히 북쪽으로 올라간 지역에서 발견된 고인류 유적으로는 데니소바와 살크히트Salkhit 정도가 있습니다. 서유럽의 북위 45도는 쾌적한 냉온대 지역이지만 동아시아의 북위 45도는 척박한 냉대 지역입니다. 고인류가 이렇게 살기 힘든 지역에서 살기 위해서는 생물학적, 문화적 적응 양식을 골고루 갖추어야 했을 것입니다. 데니소바인에게서 티베트 고원 집단으로 건너온 EPAS1 유전자는 고원지대에서 산소 운반을 도와주는 유전자입니다. 2006년 몽골 살크히트에서 발견된 머리뼈는 윗부분만 남아 있지만 눈썹뼈가 두툼하여 호모 에렉투스와 연결될지도 모른다는 추정을 불러일으켰습니다. 그러나 생김새의 자세한 연구와 연대 측정 결과 3만 4,000여 년 전의 호모 사피엔스임이 밝혀졌습니다.

하얼빈 다음으로 한반도에 가까운 고인류 유적으로는 진뉴샨金牛山이 있습니다. 랴오닝성의 진뉴샨에서 1984년에 발견된 고인류 화석 역시 주목받을 만합니다. 진뉴샨 화석은 26만 년 전, 중기 플라이스토세의 고인류 화석입니다. 진뉴샨은 북위 40도에 위치하고 있어 역시 추운 기후에 적응했습니다. 골반뼈의 생김새로 보아 여자라고 추정되는 진뉴샨은 고인류 화석 여자 중 키가 가장 큽니다.

동북아시아에서 발견된 고인류 화석만큼이나 남중국과 동남아시아에서 발견된 고인류 화석 역시 한반도의 인류 진화에 있어 중요한 자료입니다. 지금의 서해는 수심이 깊지 않아서 해수면이 내려갔던 추운 시기에는 뭍이 되고 한반도는 중국과 연결되었을 것입니다. 남중국에서 발견된 고인류 화석을 보면 한반도까지 충분히 연결할 수 있습니다.

2015년에는 타이완 근해 수심 60∼120미터 지점에서 건져 올린 고인류의 턱뼈가 발표되어 학계가 떠들썩했습니다. 지금은 바닷물 밑에 잠겨 있지만 지난 수십만 년 동안 육지였던 서해 바닥에 묻혀 있던 고인류 화석을 건져 올릴 수도 있지 않을까요? 국립해양문화재연구소를 찾아 갔을 때 목포 앞바다에서 발견될 고인류 머리뼈를 상상해 보았습니다. 한국의 해양 고고학이 크게 발전하기를 기대해 봅니다.

데니소바인은 작은 새끼손가락을 이루는 뼈 중에서도 손톱만 한 뼛조각에서 추출한 유전자에서 처음 발견되어 2010년에 논문으로 발표되었습니다. 화석 없이 고인류의 흔적이 남아 있는 흙에서 채취한 유전자로 고인류의 진화를 분석하는 기술도 점점 발전하고 있습니다. 2021년에는 화석 한 점 없이 동굴 바닥에서 채취한 흙에서 추출한 유전자로 고인류 십수 개체분에 해당하는 전장 유전체를 수집·분석한 놀라운 연구 결과가 발표되었습니다. 한국에서 계속 발견되는 동굴 유적에서 화석이 발견되지 않더라도 토양 분석을 통해 충분히 고인류에 대한 유전자 분석을 시도할 수 있지 않을까요?

한반도에서 발견된 고인류의 수는 극히 적습니다. 오래되었다는 증거가 확실하지도 않습니다. 200만 년 전에 바로 옆 동네까지 온 고인류가 아시아에서 190만 년 살도록 한반도에는 얼씬도 하지 않다가 왜 10만 년 전에야 한반도에 진출했을까요? 아니면 아직 화석이 발견되지 않앉을 뿐일까요? 한반도에서 발견된 인류의 최초 흔적이 10만 년 전에서 70만 년 전이라고 본다면 한반도 주변 지역에서 발견된 고인류 화석을 통해 한반도에 살았던 고인류의 모습을 상상해 볼 수 있습니다.

한반도에서 고인류의 흔적이 계속 발견될 것이라고 생각합니다. 그때에는 남한 땅인지 북한 땅인지 어디서 발견된 것인지가 중요하지 않으면 좋겠습니다. 한반도에서 발견되었다는 사실 자체만으로 남북한이 함께 흥분하고 자유롭게 자료를 연구하는 시대가 되면 좋겠습니다. 한반도가 한반도가 아니었던 시절의 고인류를 이해하기 위해 남북한 학자들이 함께 연구하는 날을 꿈꿉니다. 북한과 학문적 교류가 활발하게 이루어지기를 기대합니다.

단군의
자손

1993년, 북한에서 단군이 묻혀 있는 무덤을 발견했으며 그 안에서 단군과 웅녀의 인골 또한 발견했다고 발표했습니다. 평양 근처의 산에 있는 반지하식 돌로 만든 방을 흙으로 높이 쌓은 무덤입니다. 그 안에서 발견한 남녀 한 쌍의 연대를 측정해 보니 5,011년 전, 단군설화에 딱 들어맞는 연대라고 합니다. 의심스러운 내용이라고 넘어갈 수도 있습니다. 그렇지만 이 발표를 듣고 우리는 "혹시나? 정말일까?" 하는 호기심이 발동하기도 합니다. 단군은 정말 실존했던 인물일까요?

　단군릉의 연대 측정 방법으로 쓰인 전자상자성공명 연대 측정법ESR은 수천 년 전의 시료를 측정하기에는 신뢰도에 문제가 있는 방법입니다. 주로 10만 년 전 이전의 시료에 쓰이는 방법이며, 비교적 가까운 시기의 시료는 연대를 측정할 수 없는 방법이기 때문입니다. 게다가 단군릉이 만들어진 양식이 전형적인 고구려 양식의 석실무덤이었고 함께 출토된 금동관 역시 고구려의 유물이었다는 점 때문에 진위 여부에 대한 논란이 있습니다.

하지만 그런 논란은 고고학자들에게 맡겨두고 여기서는 5,000년 전의 인골이 우리 모두의 조상이라면 그게 어떤 의미를 가지는지에 대해서 이야기해 보고자 합니다. 흔히 한민족은 단일민족이고 모두가 단군의 후예라고 이야기합니다. 조상은 생물학적인 개념일까요? 부모와 자식 관계가 대대로 이어지니까 당연히 생물학적인 개념이라고 생각할 수도 있습니다.

각자 자기 자신을 기점으로 시간을 거슬러 올라가 보겠습니다. 지금 이 시대를 살고 있는 개개인에게는 저마다 두 명의 부모가 있습니다. 우리로부터 거슬러 올라가 3대째가 되는 조부모는 네 명이고, 4대째가 되는 증조부모는 여덟 명입니다. 이렇게 거슬러 올라가다 보면 10대째가 되는 조상은 512명이 되고, 그 위로는 기하급수적으로 늘어납니다. 20대째의 조상은 무려 104만 8,576명입니다. 한 세대당 20년이라고 치면 20대째의 조상이 살던 시기는 지금으로부터 약 380년 전입니다. 조선 중기이지요. 이 시대에 조선 인구가 몇 명이나 되었을까요? 40~50만 호에 인구는 150만 명을 조금 넘는 수준이었다고 합니다. 그러면 이 당시에 살았던 사람 중 3분의 2를 넘는 사람이 우리 한 명 한 명의 조상이 되는 셈입니다.

단군이 5,000년 전 조상이라고 하면 200~250대째의 조상일 것입니다. 250대까지 갈 것도 없이 200대 조상까지만 거슬러 올라가도 60자리의 수가 됩니다. 이게 얼마나 큰 숫자인지 감을 잡기 어려울 겁니다. 현재 지구상에 살고 있는 사람의 수는 80억 명이 넘습니다. 이게 고작 열자릿수입니다. 현생인류가 발생한 이래 기원전 5만 년부터 탄생한 모든 사람의 수는 얼마나 될까요? 1,080억 명으로 추산된다고 합니다. 우리 각자, 개개인의 조상 수가 이미 이 숫자를 비교도 할 수 없을 정도로 웃돌고 있습니다. 하물며 우리가 '한민족'이라고 여기는 5,000만 명의 조상 수를 모두 합하면 몇이나 될지 가늠조차 할 수 없습니다. 물론 우리 모두의 조상이 각각 다른 사람일 수는 없습니다. 인류의 역사에서 흔히 그래왔던 것처럼 근친혼이 있으면 조상의 수는 줄어듭니다. 나에게는 여덟 명의 증조부모가 있지만 사촌끼리 결혼한 부모라면 증조부모는 반으로 줄어서 네 명이 됩니다. 어머니의 조부모가 곧 아버지의 조부모이기 때문입니다.

아무리 근친혼이 많이 있었더라도 1,000년을 넘으면 더 이상 조상의 의미가 없게 됩니다. 현재 지구상에 살고 있는 모든 사람의 조상은 5,000년 전에 살고 있던 모든 사람이었다고 봐도 되겠습니다. 현재 한반도에 살고 있는 사람들이 5,000년 전에 공유하는 조상은 한반도에만 살고 있지 않았으니까요.

지금 우리에게 5,000년 전의 수많은 조상들 중 한 명으로 단군이 있었다고 합시다. 단군이 지금 우리의 유전자에 얼마나 기여했을까요? 우리 모두에게는 성염색체를 제외하고 22쌍의 염색체, 44개의 염색체가 있습니다. 그중 22개는 어머니에게서, 22개는 아버지에게서 받은 것입니다. 어머니에게서 받은 22개의 염색체는 각각 외조부모에게서 반씩 받았을 것입니다. 유전자 재조합 덕분입니다. 또 외할머니는 그 부모에게서 반씩 받았을 것입니다. 우리 어머니의 유전자가 지금 우리 유전자에서 차지하는 비중을 50퍼센트라고 한다면, 한 세대를 거슬러 올라갈수록 이 비중도 점점 줄어듭니다. 내 10대째의 조상까지만 거슬러 올라가도 그가 내 유전자에서 차지하는 비중은 고작 1퍼센트밖에 되지 않습니다. 데니소바인의 유전자가 현생인류의 유전자에 남긴 흔적이 2~4퍼센트라고 하는데 거기에도 한참 못 미치는 비중입니다. 200대 전의 조상이 남긴 흔적은 내 유전자에서 거의 찾아볼 수 없을 정도일 것입니다.

더군다나 애초에 한민족이 단일 민족으로 구성되어 있다는 것 자체가 허황된 이야기입니다. 단일 민족이 되기 위해서는 외부인과 혼인을 금지하고 내부인끼리만 생식해야 합니다. 한반도에 살던 인류는 한반도에서 꼼짝하지 않고 집단 내에서만 관계를 맺던 사람들이 아닙니다. 주변 문화권과 적극적으로 교류했고, 문화도 사람도 활발하게 움직였습니다. 한반도의 사람들은 적극적으로 다른 지역과 관계를 맺었습니다. 유전자 또한 마찬가지입니다.

그렇다면 한민족이 '순수한 한 핏줄'이라는 표현은 생물학적인 표현이 아니라 상징적인 표현이라고 생각할 수 있습니다. 한 민족, 한 핏

줄이라는 담론은 한 민족이라는 개념이 역사적으로 가장 필요했을 때 때마침 모습을 드러냈습니다. 우리가 단군의 피를 이어받은 단일민 족이라는 믿음, '민족'이라는 개념이 시작된 것은 1920년대였습니다. 그 전에는 민족이라는 개념이 없었습니다. 정치학자 베네딕트 앤더 슨Benedict Anderson이 『상상의 공동체Imagined Communities』(1983)라는 라는 저서에서 제시한 '상상의 공동체'라는 표현처럼, 민족이라는 개념 은 1920년대 당시 식민지 시대를 살고 있던 사람들이 갈구하여 탄생했 습니다.

국가가 건설될 때 정치 지도 계층에서는 자민족의 유구성, 독자성, 우 수성을 내놓는 경향이 있습니다. 민족의 우수성 담론을 통해 민족적 통 합을 이룸으로써 근대 국가로서의 정체성을 세워나가는 것입니다. 한 국이 근대적인 국민 국가로 건설되던 당시 불행히도 한국은 식민제국 주의를 떠나서 생각할 수 없었습니다. 제국주의의 대안은 민족 논리였 습니다. 민족 논리는 사회진화론적인 입장에서 전개되었으며, 제국주 의 치하에서 단결을 유지하기 위해 활용되었습니다. 만주의 우랄-알타 이Ural-Altai산맥에서 기원한 민족이 한반도로 와서 한족이 되었다는 내 용의 민족기원론에 등장하는 민족은 살아서 이동할 수 있는 집단이라 는 인상을 줍니다.

민족을 '핏줄'이라는 단어로 표현하기 때문에 생물학적인 개념이라 고 생각하는 경향이 있지만 사실은 그렇지 않습니다. 민족에게는 객관 적으로 검증되어야 하는 별도의 구성 요건이 필요 없습니다. 단지 구성

원들이 스스로를 가리켜 하나의 '민족'으로 지칭하면 됩니다. 민족 정체성은 그렇게 만들어집니다.

반면에 집단 구성원이 아닌 외부에서 어떤 집단을 정의하기 위해서는 어떤 객관적인 자격 요건이 필요합니다. 특히 과학적으로 그 집단을 검토하고 결론을 내릴 수 있는 정의가 불가결한 것입니다. 그렇게 생물학적 개체들을 모아서 집단으로 만들고 집단끼리의 체계를 연구하는 학문이 분류학입니다. 생물학이 과학으로 성립하게 된 배경에는 린네의 영향이 컸습니다. 린네는 생물계를 체계적으로 나누었습니다. 린네의 분류법은 비슷함에서 비롯합니다. 서로 비슷한 것들을 같은 분류 체계에 묶는다는 원칙입니다. 서로 비슷한 것을 종으로, 서로 비슷한 종을 속으로, 서로 비슷한 속을 같은 과로 분류한다는 원칙인데 실제로 '비슷함'을 정량화하기는 쉽지 않습니다. 생물들의 비슷한 정도를 어떻게 잴 수 있을까요?

현대 생물학에서는 이 필요 요건을 그냥 '비슷함'이 아니라 '공통 조상에게 물려받았기 때문에 생긴 비슷함'이라고 정했습니다. 비슷함 중에서 특별한 비슷함입니다. 어떤 생물들이 같은 분류 체계로 들어 있다면 같은 조상에게 물려받은 비슷함을 공유하고 있기 때문입니다.

그리고 종은 객관적으로 분류할 수 있는 유일한 단위가 되었습니다. 종이 존재하는 이유는 생식입니다. 같은 종으로 분류되기 위해서는 그 생물들 간에 생식이 가능해야 합니다. 종보다 상위의 분류 체계인 속, 과 등은 객관적으로 계량할 수 있는 분류 체계가 아닙니다. 어찌 보면

임의적, 주관적인 분류 단위로서 학계에서 인정받기도 어렵습니다. 속명은 쉽게 바뀌기도 합니다. 속보다 상위인 과쯤 되면 추상적인 개념입니다. 같은 과에 들어 있는 속과 종은 아주 옛날에 공통 조상을 함께했을 것이라는 정도만 알 수 있습니다. 종을 제외한 생물학적 분류 단위가 몹시 불안정한 단위라는 것은 앞에서 얘기했던 사람아족(호미닌)과 사람과(호미니드)를 떠올리면 이해하기 쉬울 수도 있습니다.

그럼 종 하위의 단위는 어떨까요? 더더욱 객관적으로 분리할 수 없습니다. 일단 종보다 하위 개념은 모두 서로 생식할 수 있습니다. 그중 어느 정도 구분이 되어서 서로 유전자 교환을 하지 않고 다른 집단에 비해 구별되는 집단성을 가지고 있는 경우도 있지만 그 역시 언제라도 바뀔 수 있습니다. 대표적으로 사람만 하더라도 흔히 민족 또는 인종 등으로 집단을 분류합니다. 하지만 사실 생물학적으로 인종은 거의 의미가 없습니다. 언제든지 다른 집단과 교류하면서 유동적으로 변화해 나갈 수 있기 때문입니다. 일반적으로 아종은 서로 교배하여 생식할 수 있지만 서식지 등이 분리되어 자연적으로 교배하지 않는 종을 의미합니다. 하지만 현대 인류의 서식지는 지구 전역이고, 인류 사이에는 넘어설 수 없는 벽이 존재하지 않습니다. '우리 민족'이라는 개념은 그 한순간에만 존재할 뿐 언제든지 허물어지고 구성원이 바뀔 수 있는 취약한 개념입니다.

'한민족' 또한 마찬가지입니다. '한민족'은 생물학적인 실체가 아닙니다. 누가 한민족에 속하는지는 생물학으로 연결된 조상과 자손의 관계에서 결정되는 것이 아니라, 수많은 생물학적 조상 중 특정한 사람을 조상으로 인정하고 다른 사람은 조상에서 제외하는 사회적 관계에서 결정됩니다. 우리는 과학이 실생활과 동떨어진, 객관적인 분야라고 생각하기 쉽습니다. 그러나 특히 고인류학과 고고학은 정치 체제와 떨어져 생각할 수 없는 학문입니다. 북한이 '한민족의 조상인 단군'의 존재를 발표한 시점인 1990년대는 체제를 공고히 하고 내부 단결을 도모한 시기이기도 했습니다. '조상'이나 '민족'이라는 개념은 과학적이고 생물학적인 구분이라는 인상을 주지만 그것은 사실 허상일 뿐입니다. 생물학적 개념이라기보다는 사회적, 문화적 개념입니다.

　한반도의 고인류를 찾고 연구하는 일은 단일 민족의 기원을 찾는 일이라서 의미가 있는 것이 아닙니다. 오히려 국경이 없던 시절, 바다가 땅이었던 시절에 지금의 한반도에서 살고 있던 고인류는 한민족이 아니라 인류였다는 사실을 다시 살펴볼 수 있기 때문입니다.

나가며: 고인류학의 현재와 미래

새로운 발견 하나가 이제까지 학계가 동의했던 그림을 완전히 깨고 처음부터 다시 생각하게 만드는 경우는 뉴스 매체에서 호들갑스럽게 보도하는 것처럼 흔하지는 않습니다. 그보다는 기존에 그려왔던 그림을 새로운 발견을 통해 조금씩 고치면서 학계의 검증과 동의 과정을 거치게 되는 경우가 대부분입니다. 이 과정은 심드렁하고 지루하고 반복적이지만, 그렇게 고치다 보면 어느새 이전과는 완전히 다른 그림이 그려집니다. 21세기에 발견되고 있는 고인류의 흔적이 기존과 다른 인류의 진화 그림을 그려내면서, 이전에 모두 동의하고 있던 정설이 하나둘씩 깨지고 있습니다.

이 책을 쓰기 위한 작업은 2018년 봄 한마음평화연구재단(현 한마음재단) 남승우 고문으로부터 동북아시아와 한반도의 고인류에 대한 연구를 해보면 어떻겠느냐는 제안을 받아 시작하게 되었습니다. 그러나 이 책 전반을 통해서도 전달하고자 했습니다만, 한반도의 고인류는 결코 따로 떨어져서 존재할 수 없습니다. 이 책의 목차는 아프리카에서 시작하여 한반도에서 끝나지만, 그렇다고 해서 아프리카에서 기원해서 한반도에 정착하는 것이 인류 진화의 목표라는 뜻은 아닙니다. 우리 모두를 연결하는 진화의 고리를 거슬러 올라가다 보니 2023년 여름, 결국 책이

나올 때는 고인류 전반으로부터 동북아시아권을 전부 아우르는 넓은 주제의 책이 되었습니다.

한반도를 반도로 만드는 동해, 남해, 서해 중 동해만 깊은 바다입니다. 기후의 변화로 해수면이 내려가면 서해와 남해 대부분은 육지가 되고 한반도는 아시아 대륙의 동쪽 해안 지역이 됩니다. 그렇게 연결된 고인류는 어떤 때는 고립되어 살고, 어떤 때는 이웃과 연결되고, 어떤 때는 스러져 갔습니다. 한반도 인류의 진화는 아시아 전체를 시야에 두고 봐야 합니다.

고인류 역사에서 아시아는 매우 중요한 위치를 차지하고 있습니다. 아시아는 땅덩어리가 크고 많은 사람이 살고 있는 대륙일 뿐만 아니라 신대륙인 호주 대륙과 아메리카 대륙으로 들어간 인류도 아시아에서 갔기 때문입니다. 이렇듯 중요한 위치를 차지하고 있지만 고인류학사에서 아시아는 유럽이나 아프리카에 비해 큰 주목을 받지 못했습니다. 유럽인과 유럽계 미국인을 중심으로 돌아가는 세계 고인류학계에서는 유럽인의 진화 역사에 관심이 깊습니다. 고인류학사에서는 유럽의 네안데르탈인과 현생인류의 관계에 대한 연구가 어떻게 진행되어 왔는지가 가장 중대하고 중요한 과제입니다. 제2차 세계대전 후에는 인류의 기원지로 아프리카가 주목받기 시작했습니다. 따라서 인류의 기원지인 아프리카, 네안데르탈인의 유럽에 비해 아시아는 호모 에렉투스가 몇십만 년 동안 조용히 살다가 사라져 간 곳으로만 생각되었습니다.

21세기에 들어 많은 연구가 쌓이면서 아시아에서의 인류 진화 역사 역시 유럽이나 아프리카 못지않게 역동적이고 복잡하다는 것이 점점 드러나고 있습니다. 인류의 진화사 전반에 걸쳐 흥미롭고 중요한 주제를 뽑아서 최근의 연구 성과를 중심으로 정리하다 보니 아시아 자료가 많아서 특별히 흥미롭습니다. 그리고 한반도에 대한 이야기로 마무리했습니다. 아직까지는 한반도에서 발견된 고인류의 흔적이 많지 않고, 그나마 발견된 고인류 화석 자료는 주로 북한에 있습니다. 하지만 앞으로 새로운 연구가 기대됩니다. 왜냐고요?

더 이상 화석이 있는 곳으로, 뼈가 있는 곳으로 먼 길을 여행하지 않아도 되는 시대가 열리고 있을지도 모르기 때문입니다. 2021년 국립중앙박물관 특별전 〈호모사피엔스〉에서는 대전국립중앙과학관이 소장하고 있는 매머드 화석을 선보였습니다. 이 전시를 위해서 그 커다란 화석을 대전에서 서울로 직접 옮겨 와야 했을까요? 아닙니다. 대전에 있는 매머드 뼈 300여 개를 하나하나 스캔해서 서울에서 3D 프린팅으로 찍어내어 다시 조립한 것입니다. 완전히 똑같은 매머드 모형이 두 개가 된 셈입니다. 고인류 화석도 점점 이런 방식으로 자료를 공유하는 방향으로 가면 좋겠습니다. 화석 자료의 공유는 고인류학계의 오랜 과제입니다. 귀한 화석 자료를 누구에게는 공개하고 누구에게는 공개하지 않으면서 배타적인 학계 분위기가 계속되어 왔기 때문입니다. 거기에 더하여 식민지에서 가져간 화석 자료의 반환에 대한 논란도 제기되고 있습니다. 앞으로는 화석 원본은 발견된 국가에 두고 곳곳의 박물관, 대학교, 연구소에서는 3D 프린팅으로 떠 가서 교육과 연구에 이용하면 됩니다. 먼 미래의 이야기가 아닌 지금 현재의 이야기입니다. 코로나19로 해외 연구가 막히고 재택 근무가 일상화되면서 원거리 자료 공유가 최근 부쩍 활발해지고 있습니다.

화석과 뼈를 육안이나 현미경으로 관찰해서 분석하는 방법에서 한걸음 더 나아가 직접 유전자를 추출해서 분석하는 방법도 나날이 발전하고 있습니다. 2022년 노벨상을 받은 스반테 패보는 이 분야에서 독보적인 존재입니다. 유전자의 정보를 분석해서 인류의 진화에 접근하는 방법은 그 역사가 오래되었지만 대부분은 살아 있는 사람들의 유전자를 자료로 이용했습니다. 1997년 네안데르탈인 화석에서 미토콘드리아 유전자 360개의 염기서열을 추출한 연구를 기점으로 고인류 화석에서 유전자를 직접 추출하기 시작했습니다. 2010년에는 네안데르탈인 화석에서 추출한 유전자 자료에서 30억 개의 염기서열이 이루는 전장유전체를 확인하여 발표했습니다. 이 모든 역사적인 연구에 패보의 연구팀이 관여했습니다.

이제는 기술의 발전으로 수만 년 전, 수십만 년 전 고인류의 유전자를 뼈가 아닌 흙에서도 추출할 수 있게 되었습니다. 2020년에는 티베트의 바이시야Baishiya 동굴 흙에서 데니소바인의 유전자를 발견했다는 연구가 발표되었습니다. 2022년에는 데니소바 동굴에서 발굴한 흙으로부터 데니소바인과 네안데르탈인의 유전자를 추출함으로써 지난 30만 년 동안 동굴에서 살아온 고인류에 대해 좀 더 알 수 있게 되었습니다. 패보 연구팀의 활약은 여전합니다.

동굴 흙에 어떻게 고인류의 유전자가 남게 되었을까요? 연구자들은 데니소바인이 동굴에서 눈 똥이나 오줌에서 흘러 들어간 것으로 보고 있습니다. 춥고 추운 겨울날에 동굴 바깥으로 가서 볼일을 볼 수 없었을 것입니다. 물론 그날 동굴에서 볼일을 본 데니소바인은 자신이 남긴 똥과 오줌이 후대의 인류에게 이렇게 중요한 정보를 전해줄 줄은 꿈에도 몰랐겠지요.

자료의 소중함은 항상 똑같지 않습니다. 고인류학 초창기에는 머리뼈가 가장 중요했고 목 아래 뼈는 별로 중요하지 않게 여겼습니다. 만약 발굴 현장에서 목 아래 몸 뼈만 남아 있었다면 수습되지 않았을 가능성도 있습니다. 현재 고인류 화석이 주로 머리뼈 중심이고 목 아래 몸 뼈는 비교적 덜 남아 있는 이유이기도 합니다. 오스트랄로피테쿠스 아파렌시스 화석종 중에서 가장 유명한 루시 화석은 머리뼈는 거의 남아 있지 않습니다. 그러나 그의 몸뼈에서 두 발 걷기에 대한 정보를 얻어냈고, 이는 두 발 걷기가 인류 진화 역사에서 가장 먼저 등장했다는 가설이 정설로 받아들여지는 데 중요한 역할을 했습니다. 이처럼 자료의 중요성은 시대에 따라 변합니다. 오늘의 쓰레기가 언젠가는 중요한 자료가 될 수도 있는 것입니다. 하찮음과 귀중함은 백지 한 장 차이입니다.

물론 땅속에 묻힌 고인류 화석을 모두 다 발굴해 낸다고 고인류학이 끝나지는 않습니다. 발견된 고인류 화석 모두에게서 유전자를 추출해 냈다고 고인류학이 끝나지도 않습니다. 기술의 발전은 지금까지 생각해 온 '자료'의 영역을 상상하지 못할 영역으로 확장해 갈 것이기 때문입니다. 새로운 자료로 새로운 문제를 찾기도 하지만 기존에 있던 자료가 새로운 문제를 제시하기도 합니다.

오늘날 고인류학계가 중요하게 생각하고 있는 문제들은 10년 전에 큰 관심을 받지 않았습니다. 반대로 10년 전까지만 해도 가장 중요하게 여겼던 문제에 대해서는 관심이 줄어들고 있습니다. 네안데르탈인 불패의 신화가 드디어 깨지기 시작했는지도 모르겠습니다.

그러나 우리가 어디에서 왔고 어떻게 오늘의 모습으로 있는지를 찾는 지적 열정만큼은 변하지 않았습니다. 새로운 문제, 새로운 접근 방법으로 인류의 기원을 찾아가고 있습니다. 이 책에서 나눈 이야기가 미래에 어떤 모습으로 바뀌어 갈지 관심을 가지고 지켜봐 주시면 좋겠습니다.

맺는말

참고문헌

Abi-Rached, Laurent, Jobin, Matthew J., Kulkarni, Subhash, McWhinnie, Alasdair, Dalva, Klara, Gragert, Loren, Babrzadeh, Farbod, Gharizadeh, Baback, Luo, Ma, Plummer, Francis A., Kimani, Joshua, Carrington, Mary, Middleton, Derek, Rajalingam, Raja, Beksac, Meral, Marsh, Steven G. E., Maiers, Martin, Guethlein, Lisbeth A., Tavoularis, Sofia, Little, Ann-Margaret, Green, Richard E., Norman, Paul J., and Parham, Peter (2011) The shaping of modern human immune systems by multiregional admixture with archaic humans. *Science* 334: 89-94.

Ackermann, Rebecca Rogers, Arnold, Michael L., Baiz, Marcella D., Cahill, James A., Cortés-Ortiz, Liliana, Evans, Ben J., Grant, B. Rosemary, Grant, Peter R., Hallgrimsson, Benedikt, Humphreys, Robyn A., Jolly, Clifford J., Malukiewicz, Joanna, Percival, Christopher J., Ritzman, Terrence B., Roos, Christian, Roseman, Charles C., Schroeder, Lauren, Smith, Fred H., Warren, Kerryn A., Wayne, Robert K., and Zinner, Dietmar (2019) Hybridization in human evolution: Insights from other organisms. *Evolutionary Anthropology* 28: 189-209.

Aiello, Leslie C., and Wheeler, Peter E. (1995) The expensive-tissue hypothesis: the brain and the digestive system in human and primate evolution. *Current Anthropology* 36: 199-221.

Anderson, Benedict (2006[1983]) *Imagined Communities: Reflections on the Origin and Spread of Nationalism.* Verso.

Andrews, Peter J. (1984) On the characters that define *Homo erectus. Courier Forschungsinstitut Senckenberg* 69: 167-175.

Antón, Susan C, Spoor, Fred, Fellmann, Connie D., and Swisher, Carl C., III (2007) Defining *Homo erectus*: Size considered. In: Henke, Winfried, and Tattersall, Ian (eds) *Handbook of Paleoanthropology*, Volume 3, pp. 1655-1693. Springer-Verlag.

인류의 진화

Antón, Susan C. (2002) Evolutionary significance of cranial variation in Asian *Homo erectus*. *American Journal of Physical Anthropology* 118: 301-323.

Antón, Susan C. (2003) Natural history of *Homo erectus*. *American Journal of Physical Anthropology, Supplement: Yearbook of Physical Anthropology* 122: 126-170.

Antón, Susan C., Potts, Richard, and Aiello, Leslie C. (2014) Evolution of early *Homo*: An integrated biological perspective. *Science* 345: 123682801-123682813.

Antón, Susan C., and Swisher, Carl C., III (2004) Early dispersals of *Homo* from Africa. *Annual Review of Anthropology* 33: 271-296.

Ao, Hong, Dekkers, Mark J., Wei, Qi, Qiang, Xiaoke, and Xiao, Guoqiao (2013) New evidence for early presence of hominids in North China. *Scientific Reports* 3: Article number 2403.

Ao, Hong, Liu, Chun-Ru, Roberts, Andrew P., Zhang, Peng, and Xu, Xinwen (2017) An updated age for the Xujiayao hominin from the Nihewan Basin, North China: Implications for Middle Pleistocene human evolution in East Asia. *Journal of Human Evolution* 106: 54-65.

Ardrey, Robert (1976) *The Hunting Hypothesis: A Personal Conclusion Concerning the Evolutionary Nature of Man*. Atheneum.

Asfaw, Berhane, White, Tim, Lovejoy, Owen, Latimer, Bruce, Simpson, Scott, and Suwa, Gen (1999) *Australopithecus garhi*: A New Species of Early Hominid from Ethiopia. *Science* 284: 629-635.

Athreya, Sheela (2010) South Asia as a geographic crossroad: Patterns and predictions of hominin morphology in Pleistocene India. In: Norton, Christopher J., and Braun, David R. (eds) *Asian Paleoanthropology, pp. 129-141*. Springer Netherlands.

참고문헌

Athreya, Sheela, and Ackermann, Rebecca R (2019) Colonialism and narratives of human origins in Asia and Africa. In: Porr, Martin, and Matthews, Jacqueline M. (eds) *Interrogating Human Origins: Decolonisation and the Deep Human Past, pp. 72-95*. Routledge.

Aubert, Maxime, Lebe, Rustan, Oktaviana, Adhi Agus, Tang, Muhammad, Burhan, Basran, Hamrullah, Jusdi, Andi, Abdullah, Hakim, Budianto, Zhao, Jian-xin, Geria, I. Made, Sulistyarto, Priyatno Hadi, Sardi, Ratno, and Brumm, Adam (2019) Earliest hunting scene in prehistoric art. *Nature* 576: 442-445.

Aubert, Maxime, Setiawan, P., Oktaviana, A. A., Brumm, A., Sulistyarto, P. H., Saptomo, E. W., Istiawan, B., Ma'rifat, T. A., Wahyuono, V. N., Atmoko, F. T., Zhao, J. X., Huntley, J., Taçon, P. S. C., Howard, D. L., and Brand, H. E. A. (2018) Palaeolithic cave art in Borneo. *Nature* 564: 254-257.

Auel, Jean M. (1980) *The Clan of the Cave Bear*. Crown Publishers.

Baab, Karen L. (2008) The taxonomic implications of cranial shape variation in *Homo erectus*. *Journal of Human Evolution* 54: 827-847.

Baab, Karen L. (2015) Defining *Homo erectus*. In: Henke, Winfried, and Tattersall, Ian (eds) *Handbook of Paleoanthropology*, pp. 2189–2219. Springer Berlin Heidelberg.

Baab, Karen L., Rogers, Michael, Bruner, Emiliano, and Semaw, Sileshi (2022) Reconstruction and analysis of the DAN5/P1 and BSN12/P1 Gona Early Pleistocene *Homo* fossils. *Journal of Human Evolution* 162: 103102.

Baba, Hisao, Aziz, Fachroel, Kaifu, Yousuke, Suwa, Gen, Kono, Reiko T., and Jacob, Teuku (2003) *Homo erectus* calvarium from the Pleistocene of Java. *Science* 299: 1384-1388.

Bae, Christopher J. (2010) The late Middle Pleistocene hominin fossil record of eastern Asia: Synthesis and review. *American Journal of Physical Anthropology* 143: 75-93.

Bae, Christopher J. , and Guyomarc'h, Pierre (2015) Potential contributions of Korean Pleistocene hominin fossils to palaeoanthropology: A view from Ryonggok cave. *Asian Perspectives* 54: 31-57.

Bae, Christopher J., Wang, Wei, Zhao, Jianxin, Huang, Shengming, Tian, Feng, and Shen, Guanjun (2014) Modern human teeth from Late Pleistocene Luna Cave (Guangxi, China). *Quaternary International* 354: 169-183.

Bailey, Shara E., Hublin, Jean-Jacques, and Antón, Susan C. (2019) Rare dental trait provides morphological evidence of archaic introgression in Asian fossil record. *Proceedings of the National Academy of Sciences* 116: 14806-14807.

Bar-Yosef, Ofer, and Wang, Youping (2012) Paleolithic Archaeology in China. *Annual Review of Anthropology* 41: 319-335.

Barker, Graeme, Barton, Huw, Bird, Michael, Daly, Patrick, Datan, Ipoi, Dykes, Alan, Farr, Lucy, Gilbertson, David, Harrisson, Barbara, Hunt, Chris, Higham, Tom, Kealhofer, Lisa, Krigbaum, John, Lewis, Helen, McLaren, Sue, Paz, Victor, Pike, Alistair, Piper, Phil, Pyatt, Brian, Rabett, Ryan, Reynolds, Tim, Rose, Jim, Rushworth, Garry, Stephens, Mark, Stringer, Chris, Thompson, Jill, and Turney, Chris (2007) The 'human revolution' in lowland tropical Southeast Asia: the antiquity and behavior of anatomically modern humans at Niah Cave (Sarawak, Borneo). *Journal of Human Evolution* 52: 243-261.

Barr, W. Andrew, Pobiner, Briana, Rowan, John, Du, Andrew, and Faith, J. Tyler (2022) No sustained increase in zooarchaeological evidence for carnivory after the appearance of *Homo erectus*. *Proceedings of the National Academy of Sciences* 119: e2115540119.

Berger, Lee, and Hawks, John (2017) *Almost Human: The Astonishing Tale of Homo naledi and the Discovery That Changed Our Human Story*. National Geographic.

Berger, Lee R., Hawks, John, Dirks, Paul H. G. M., Elliott, Marina, and Roberts, Eric M. (2017) *Homo naledi* and Pleistocene hominin evolution in subequatorial Africa. *eLife* 6: e24234.

Black, Davidson (1926) Tertiary man in Asia: the Chou Kou Tien discovery. *Science* 64: 586-587.

Black, Davidson (1927) On a lower molar hominid tooth from Chou-Kou-Tien deposit. *Palaeontologia Sinica Series* D 7: 1-28.

Boaz, Noel T, and Ciochon, Russell L (2004) *Dragon Bone Hill: An Ice-Age Saga of Homo erectus.* Oxford University Press.

Brain, C. K. (1981) *The Hunters or the Hunted? An Introduction to African Cave Taphonomy.* The University of Chicago Press.

Bräuer, Günter (2015) Origin of Modern Humans. In: Henke, Winfried, and Tattersall, Ian (eds) *Handbook of Paleoanthropology, pp. 2299-2330.* Springer Berlin Heidelberg.

Bräuer, Günter, and Rimbach, Klaus W. (1990) Late archaic and modern *Homo sapiens* from Europe, Africa, and Southwest Asia: Craniometric comparisons and phylogenetic implications. *Journal of Human Evolution* 19: 789-807.

Brown, Peter (2001) Chinese Middle Pleistocene hominids and modern human origins in east Asia. In: Barham, L, and Robson Brown, K (eds) *Human Roots — Africa and Asia in the Middle Pleistocene, pp. 135-147.* Western Academic & Specialist Press.

Brown, Peter, Sutikna, T., Morwood, M. J., Soejono, R. P., Jatmiko, Wayhu Saptomo, E., and Awe Due, Rokus (2004) A new small-bodied hominin from the Late Pleistocene of Flores, Indonesia. *Nature* 431: 1055-1061.

Brown, Samantha, Higham, Thomas, Slon, Viviane, Pääbo, Svante, Meyer, Matthias, Douka, Katerina, Brock, Fiona, Comeskey, Daniel, Procopio, Noemi, and Shunkov, Michael (2016) Identification of a new hominin bone from Denisova Cave, Siberia using collagen fingerprinting and mitochondrial DNA analysis. *Scientific Reports* 6: Article number 23559.

Browning, Sharon R., Browning, Brian L., Zhou, Ying, Tucci, Serena, and Akey, Joshua M. (2018) Analysis of human sequence data reveals two pulses of Archaic Denisovan admixture. *Cell* 173: 53-61.e59.

Brumm, Adam, Oktaviana, Adhi Agus, Burhan, Basran, Hakim, Budianto, Lebe, Rustan, Zhao, Jian-xin, Sulistyarto, Priyatno Hadi, Ririmasse, Marlon, Adhityatama, Shinatria, Sumantri, Iwan, and Aubert, Maxime (2021) Oldest cave art found in Sulawesi. *Science Advances* 7: eabd4648.

Brumm, Adam, van den Bergh, Gerrit D., Storey, Michael, Kurniawan, Iwan, Alloway, Brent V., Setiawan, Ruly, Setiyabudi, Erick, Grün, Rainer, Moore, Mark W., Yurnaldi, Dida, Puspaningrum, Mika R., Wibowo, Unggul P., Insani, Halmi, Sutisna, Indra, Westgate, John A., Pearce, Nick J. G., Duval, Mathieu, Meijer, Hanneke J. M., Aziz, Fachroel, Sutikna, Thomas, Kaars, Sander van der, Flude, Stephanie, and Morwood, Michael J. (2016) Age and context of the oldest known hominin fossils from Flores. *Nature* 534: 249-253.

Cann, Rebecca L., Stoneking, Mark, and Wilson, Alan C. (1987) Mitochondrial DNA and human evolution. *Nature* 325: 31-36.

Cartmill, Matt, and Smith, Fred H. (2009) *The Human Lineage*. John Wiley& Sons.

Chan, Eva K. F., Timmermann, Axel, Baldi, Benedetta F., Moore, Andy E., Lyons, Ruth J., Lee, Sun-Seon, Kalsbeek, Anton M. F., Petersen, Desiree C., Rautenbach, Hannes, Förtsch, Hagen E. A., Bornman, M. S. Riana, and Hayes, Vanessa M. (2019) Human origins in a southern African palaeo-wetland and first migrations. *Nature* 575: 185-189.

Chang, Chun-Hsiang, Kaifu, Yousuke, Takai, Masanaru, Kono, Reiko T., Grün, Rainer, Matsu'ura, Shuji, Kinsley, Les, and Lin, Liang-Kong (2015) The first archaic *Homo* from Taiwan. *Nature Communications* 6: 6037.

Chen, Fahu, Welker, Frido, Shen, Chuan-Chou, Bailey, Shara E., Bergmann, Inga, Davis, Simon, Xia, Huan, Wang, Hui, Fischer, Roman, Freidline, Sarah E., Yu, Tsai-Luen, Skinner, Matthew M., Stelzer, Stefanie, Dong, Guangrong, Fu, Qiaomei, Dong, Guanghui, Wang, Jian, Zhang, Dongju, and Hublin, Jean-Jacques (2019) A late Middle Pleistocene Denisovan mandible from the Tibetan Plateau. *Nature* 569: 409-412.

Cheng, Ting, Zhang, Dongju, Smith, Geoff M., Jöris, Olaf, Wang, Jian, Yang, Shengli, Xia, Huan, Shen, Xuke, Li, Qiong, Chen, Xiaoshan, Lin, Dongpeng, Han, Yuanyuan, Liu, Yishou, Qiang, Mingrui, Li, Bo, and Chen, Fahu (2021) Hominin occupation of the Tibetan Plateau during the Last Interglacial Complex. *Quaternary Science Reviews* 265: 107047.

Clarkson, Chris, Harris, Clair, Li, Bo, Neudorf, Christina M., Roberts, Richard G., Lane, Christine, Norman, Kasih, Pal, Jagannath, Jones, Sacha, Shipton, Ceri, Koshy, Jinu, Gupta, M. C., Mishra, D. P., Dubey, A. K., Boivin, Nicole, and Petraglia, Michael (2020) Human occupation of northern India spans the Toba super-eruption ~74,000 years ago. *Nature Communications* 11: 961.

Cochran, Gregory M., and Harpending, Henry (2009) *The 10,000 Year Explosion: How Civilization Accelerated Human Evolution*. Basic Books.

Conroy, Glenn C. (2005) *Reconstructing Human Origins*. W. W. Norton.

Cooke, Lucy (2022) *Bitch: On the Female of the Species*. Basic Books.

Coppens, Yves, Tseveendorj, Damdinsuren, Demeter, Fabrice, Turbat, Tsagaan, and Giscard, Pierre-Henri (2008) Discovery of an archaic *Homo sapiens* skullcap in Northeast Mongolia. *Comptes Rendus Palevol* 7: 51-60.

Coqueugniot, H., Hublin, Jean-Jacques, Veillon, F., Houët, F., and Jacob, Teuku (2004) Early brain growth in *Homo erectus and implications for cognitive ability*. *Nature* 431: 299-302.

Cunningham, Deborah L., and Jantz, Richard L. (2003) The morphometric relationship of Upper Cave 101 and 103 to modern *Homo sapiens. Journal of Human Evolution* 45: 1-18.

Cunningham, Deborah L., and Wescott, Daniel J. (2002) Within-group human variation in the Asian Pleistocene: the three Upper Cave crania. *Journal of Human Evolution* 42: 627-638.

Curnoe, Darren, Ji, Xueping, Shaojin, Hu, Taçon, Paul S. C., and Li, Yanmei (2016) Dental remains from Longtanshan cave 1 (Yunnan, China), and the initial presence of anatomically modern humans in East Asia. *Quaternary International* 400: 180-186.

Dart, Raymond A. (1953) *The Predatory Transition from Ape to Man*. Brill.

Dart, Raymond A. (1957) *The Osteodontokeratic Culture of Australopithecus prometheus*. Transvaal Museum.

Darwin, Charles (1871) *The Descent of Man, and Selection in Relation to Sex*. John Murray.

Defleur, Alban, White, Tim, Valensi, Patricia, Slimak, Ludovic, and Crégut-Bonnoure, Évelyne (1999) Neanderthal cannibalism at Moula-Guercy, Ardèche, France. *Science* 286: 128-131.

Demeter, Fabrice, Shackelford, L. L., Bacon, A.-M., Duringer, P., Westaway, K., Sayavongkhamdy, T., Braga, J., Sichanthongtip, P., Khamdalavong, P., Ponche, J.-L., Wang, H., Lundstrom, C., Patole-Edoumba, E., and Karpoff, A.-M. (2012) Anatomically modern human in Southeast Asia (Laos) by 46 ka. *Proceedings of the National Academy of Sciences* 109: 14375-14380.

Demeter, Fabrice, Shackelford, Laura, Westaway, Kira, Duringer, Philippe, Bacon, Anne-Marie, Ponche, Jean-Luc, Wu, Xiujie, Sayavongkhamdy, Thongsa, Zhao, Jian-Xin, Barnes, Lani, Boyon, Marc, Sichanthongtip, Phonephanh, Sénégas, Frank, Karpoff, Anne-Marie, Patole-Edoumba, Elise, Coppens, Yves, and Braga, José (2015) Early modern humans and morphological variation in Southeast Asia: Fossil evidence from Tam Pa Ling, Laos. *PLoS One* 10: e0121193.

Dennell, Robin (2016) Life without the Movius Line: The structure of the East and Southeast Asian Early Palaeolithic. *Quaternary International* 400: 14-22.

Dennell, Robin, and Roebroeks, Wil (2005) An Asian perspective on early human dispersal from Africa. *Nature* 438: 1099-1104.

Dennell, Robin W. (2001) From Sangiran to Olduvai, 1937 – 1960: the quest for ʿcentresʾ of hominid origins in Asia and Africa. In: Corbey, R., and Roebroeks, Wil (eds) *Studying Human Origins, pp. 145-166*. Amsterdam University Press.

Dennell, Robin W., Rendell, H., and Hailwood, E. (1988) Early tool-making in Asia: two-million-year-old artefacts in Pakistan. *Antiquity* 62: 98-106.

Derevianko, Anatoli P., Shunkov, Michael V., and Kozlikin, Maxim B. (2020)

Who were the Denisovans? *Archaeology, Ethnology & Anthropology of Eurasia* 48: 3-32.

DeSilva, Jeremy (2021) *First Steps: How Upright Walking Made Us Human.* Harper Collins.

Détroit, Florent, Mijares, Armand Salvador, Corny, Julien, Daver, Guillaume, Zanolli, Clément, Dizon, Eusebio, Robles, Emil, Grün, Rainer, and Piper, Philip J. (2019) A new species of *Homo* from the Late Pleistocene of the Philippines. *Nature* 568: 181-186.

Devièse, Thibaut, Massilani, Diyendo, Yi, Seonbok, Comeskey, Daniel, Nagel, Sarah, Nickel, Birgit, Ribechini, Erika, Lee, Jungeun, Tseveendorj, Damdinsuren, Gunchinsuren, Byambaa, Meyer, Matthias, Pääbo, Svante, and Higham, Tom (2019) Compound-specific radiocarbon dating and mitochondrial DNA analysis of the Pleistocene hominin from Salkhit Mongolia. *Nature Communications* 10: 274.

Diamond, Jared (1992) *The Third Chimpanzee: The Evolution and Future of the Human Animal.* HarperCollins.

Dizon, Eusebio, Détroit, Florent, Sémah, François, Falguères, Christophe, Hameau, Sébastien, Ronquillo, Wilfredo, and Cabanis, Emmanuel (2002) Notes on the morphology and age of the Tabon Cave fossil *Homo sapiens*. *Current Anthropology* 43: 660-666.

Dong, Wei (2016) Biochronological framework of *Homo erectus* horizons in China. *Quaternary International* 400: 47-57.

Douka, Katerina, Slon, Viviane, Jacobs, Zenobia, Ramsey, Christopher Bronk, Shunkov, Michael V., Derevianko, Anatoly P., Mafessoni, Fabrizio, Kozlikin, Maxim B., Li, Bo, Grün, Rainer, Comeskey, Daniel, Devièse, Thibaut, Brown, Samantha, Viola, Bence, Kinsley, Leslie, Buckley, Michael, Meyer,

Matthias, Roberts, Richard G., Pääbo, Svante, Kelso, Janet, and Higham, Tom (2019) Age estimates for hominin fossils and the onset of the Upper Palaeolithic at Denisova Cave. *Nature* 565: 640-644.

Doyon, Luc, Faure, Thomas, Sanz, Montserrat, Daura, Joan, Cassard, Laura, and d'Errico, Francesco (2023) A 39,600-year-old leather punch board from Canyars, Gavà, Spain. *Science Advances* 9: eadg0834.

Dunbar, Robin I. M. (2003) The social brain: mind, language, and society in evolutionary perspective. *Annual Review of Anthropology* 32: 163-181.

Eller, Elise, Hawks, John, and Relethford, John H. (2004) Local extinction and recolonization, species effective population size, and modern human origins. *Human Biology* 76: 689-709.

Etler, Dennis A. (1996) The fossil evidence for human evolution in Asia. *Annual Review of Anthropology* 25: 275-302.

Falk, Dean, Hildebolt, Charles, Smith, Kirk, Morwood, M. J., Sutikna, Thomas, Brown, Peter J., Jatmiko, Saptomo, E. Wayhu, Brunsden, Barry, and Prior, Fred (2005) The brain of LB1, *Homo floresiensis*. *Science* 308: 242-245.

Forth, Gregory (2022) *Between Ape and Human: An Anthropologist on the Trail of a Hidden Hominoid*. Pegasus Books.

Fu, Qiaomei, Hajdinjak, Mateja, Moldovan, Oana Teodora, Constantin, Silviu, Mallick, Swapan, Skoglund, Pontus, Patterson, Nick, Rohland, Nadin, Lazaridis, Iosif, Nickel, Birgit, Viola, Bence, Prüfer, Kay, Meyer, Matthias, Kelso, Janet, Reich, David, and Pääbo, Svante (2015) An early modern human from Romania with a recent Neanderthal ancestor. *Nature* 524: 216.

Fu, Qiaomei, Li, Heng, Moorjani, Priya, Jay, Flora, Slepchenko, Sergey M., Bondarev, Aleksei A., Johnson, Philip L. F., Aximu-Petri, Ayinuer, Prufer,

Kay, de Filippo, Cesare, Meyer, Matthias, Zwyns, Nicolas, Salazar-Garcia, Domingo C., Kuzmin, Yaroslav V., Keates, Susan G., Kosintsev, Pavel A., Razhev, Dmitry I., Richards, Michael P., Peristov, Nikolai V., Lachmann, Michael, Douka, Katerina, Higham, Thomas F. G., Slatkin, Montgomery, Hublin, Jean-Jacques, Reich, David, Kelso, Janet, Viola, T. Bence, and Paabo, Svante (2014) Genome sequence of a 45,000-year-old modern human from western Siberia. *Nature* 514: 445-449.

Fu, Qiaomei, Meyer, Matthias, Gao, Xing, Stenzel, Udo, Burbano, Hernán A., Kelso, Janet, and Pääbo, Svante (2013) DNA analysis of an early modern human from Tianyuan Cave, China. *Proceedings of the National Academy of Sciences* 110: 2223-2227.

Fu, Renyi, Shen, Guanjun, He, Jianing, Ren, Hongkui, Feng, Yue-xing, and Zhao, Jian-xin (2008) Modern *Homo sapiens* skeleton from Qianyang Cave in Liaoning, northeastern China and its U-series dating. *Journal of Human Evolution* 55: 349-352.

Fuentes, Agustín (2017) *The Creative Spark: How Imagination Made Humans Exceptional.* Dutton.

Gabunia, Leo, and Vekua, Abesalom (1995) A Plio-Pleistocene hominid from Dmanisi, East Georgia, Caucasus. *Nature* 373: 509-512.

Gabunia, Leo, Vekua, Abesalom, Lordkipanidze, David, Swisher, Carl C., III, Ferring, Reid, Justus, Antje, Nioradze, Medea, Tvalchrelidze, Merab, Antón, Susan C., Bosinski, Gerhard, Jöris, Olaf, de Lumley, Marie-Antoinette, Majsuradze, Givi, and Mouskhelishvili, Aleksander (2000) Earliest Pleistocene hominid cranial remains from Dmanisi, Republic of Georgia: Taxonomy, geological setting, and age. *Science* 288: 1019-1025.

Ge, Junyi, Deng, Chenglong, Wang, Yuan, Shao, Qingfeng, Zhou, Xinying, Xing, Song, Pang, Haijiao, and Jin, Changzhu (2020) Climate-influenced cave deposition and human occupation during the Pleistocene in Zhiren Cave, southwest China. *Quaternary International* 559: 14-23.

Glantz, Michelle, Athreya, Sheela, and Ritzman, Terrence (2009) Is Central Asia the eastern outpost of the Neandertal range? A reassessment of the Teshik-

인류의 진화

Tash child. *American Journal of Physical Anthropology* 138: 45-61.

Glantz, Michelle M. (2010) The history of hominin occupation of central Asia in review. In: Norton, Christopher J., and Braun, David R. (eds) *Asian Paleoanthropology, pp. 101-112.* Springer Netherlands.

Goodall, Jane (1986) *Chimpanzees of Gombe: Behavioral Patterns.* Harvard University Press.

Goodman, Morris (1963) Serological analysis of the systematics of recent hominoids. *Human Biology* 35: 377-436.

Green, Richard E., Krause, Johannes, Briggs, Adrian W., Maricic, Tomislav, Stenzel, Udo, Kircher, Martin, Patterson, Nick, Li, Heng, Zhai, Weiwei, Fritz, Markus Hsi-Yang, Hansen, Nancy F., Durand, Eric Y., Malaspinas, Anna-Sapfo, Jensen, Jeffrey D., Marques-Bonet, Tomas, Alkan, Can, Prufer, Kay, Meyer, Matthias, Burbano, Hernan A., Good, Jeffrey M., Schultz, Rigo, Aximu-Petri, Ayinuer, Butthof, Anne, Hober, Barbara, Hoffner, Barbara, Siegemund, Madlen, Weihmann, Antje, Nusbaum, Chad, Lander, Eric S., Russ, Carsten, Novod, Nathaniel, Affourtit, Jason, Egholm, Michael, Verna, Christine, Rudan, Pavao, Brajkovic, Dejana, Kucan, Zeljko, Gusic, Ivan, Doronichev, Vladimir B., Golovanova, Liubov V., Lalueza-Fox, Carles, de la Rasilla, Marco, Fortea, Javier, Rosas, Antonio, Schmitz, Ralf W., Johnson, Philip L. F., Eichler, Evan E., Falush, Daniel, Birney, Ewan, Mullikin, James C., Slatkin, Montgomery, Nielsen, Rasmus, Kelso, Janet, Lachmann, Michael, Reich, David, and Pääbo, Svante (2010) A draft sequence of the Neandertal genome. *Science* 328: 710-722.

Green, Richard E., Krause, Johannes, Ptak, Susan E., Briggs, Adrian W., Ronan, Michael T., Simons, Jan F., Du, Lei, Egholm, Michael, Rothberg, Jonathan M., Paunovic, Maja, and Pääbo, Svante (2006) Analysis of one million base pairs of Neanderthal DNA. *Nature* 444: 330-336.

Guo, Yongqiang, Huang, Chun Chang, Pang, Jiangli, Zha, Xiaochun, Zhou, Yali, Zhang, Yuzhu, and Zhou, Liang (2013) Sedimentological study of the stratigraphy at the site of *Homo erectus* yunxianensis in the upper Hanjiang River valley, China. *Quaternary International* 300: 75-82.

Guo, Yun, Sun, Chengkai, Luo, Lan, Yang, Linlin, Han, Fei, Tu, Hua, Lai, Zhongping, Jiang, Hongchen, Bae, Christopher J., Shen, Guanjun, and Granger, Darryl (2019) 26Al/10Be burial dating of the Middle Pleistocene Yiyuan hominin fossil site, Shandong Province, Northern China. *Scientific Reports* 9: 6961.

Haeckel, Ernst (1876) *Naturphilosophie.* Fischer.

Haile-Selassie, Yohannes, Saylor, Beverly Z., Deino, Alan, Levin, Naomi E., Alene, Mulugeta, and Latimer, Bruce M. (2012) A new hominin foot from Ethiopia shows multiple Pliocene bipedal adaptations. *Nature* 483: 565-569.

Hamilton, W. D. (1963) The evolution of altruistic behavior. *American Naturalist* 97: 354-356.

Han, Fei, Sun, Chengkai, Bahain, Jean-Jacques, Zhao, Jianxin, Lin, Min, Xing, Song, and Yin, Gongming (2016) Coupled ESR and U-series dating of fossil teeth from Yiyuan hominin site, northern China. *Quaternary International* 400: 195-201.

Hare, Brian, and Woods, Vanessa (2020) *Survival of the Friendliest: Understanding Our Origins and Rediscovering Our Common Humanity.* Random House.

Harmand, Sonia, Lewis, Jason E., Feibel, Craig S., Lepre, Christopher J., Prat, Sandrine, Lenoble, Arnaud, Boes, Xavier, Quinn, Rhonda L., Brenet, Michel, Arroyo, Adrian, Taylor, Nicholas, Clement, Sophie, Daver, Guillaume, Brugal, Jean-Philip, Leakey, Louise, Mortlock, Richard A., Wright, James D., Lokorodi, Sammy, Kirwa, Christopher, Kent, Dennis V., and Roche, Helene (2015) 3.3-million-year-old stone tools from Lomekwi 3, West Turkana, Kenya. *Nature* 521: 310-315.

Hart, Donna, and Sussman, Robert W. (2005) *Man the Hunted: Primates, Predators, and Human Evolution.* Basic Books.

Harvati, Katerina (2009) Into Eurasia: A geometric morphometric re-assessment of the Upper Cave (Zhoukoudian) specimens. *Journal of Human Evolution* 57: 751-762.

인류의 진화

Hawks, John (2013) Significance of Neandertal and Denisovan genomes in human evolution. *Annual Review of Anthropology* 42: 433-449.

Henke, Winfried (2015) Historical overview of paleoanthropological research. In: Henke, Winfried, and Tattersall, Ian (eds) *Handbook of Paleoanthropology*, *pp. 3-95.* Springer Berlin Heidelberg.

Henneberg, Maciej, Eckhardt, Robert B., Chavanaves, Sakdapong, and Hsü, Kenneth J. (2014) Evolved developmental homeostasis disturbed in LB1 from Flores, Indonesia, denotes Down syndrome and not diagnostic traits of the invalid species *Homo floresiensis. Proceedings of the National Academy of Sciences* 111: 11967.

Henrich, Joseph (2016) *The Secret of Our Success: How Culture Driving Human Evolution, Domesticating Our Species, and Making Us Smarter.* Princeton University Press.

Holloway, Ralph L. (1980) Indonesian "Solo" (Ngandong) endocranial reconstructions: some preliminary observations and comparisons with Neandertal and *Homo erectus groups. American Journal of Physical Anthropology* 53: 285-295.

Huang, Chao, Li, Jingshu, and Gao, Xing (2022) Evidence of fire use by *Homo erectus pekinensis*: An XRD study of archaeological bones from Zhoukoudian Locality 1, China. *Frontiers in Earth Science* 9: Article 811319.

Hublin, Jean-Jacques, Ben-Ncer, Abdelouahed, Bailey, Shara E., Freidline, Sarah E., Neubauer, Simon, Skinner, Matthew M., Bergmann, Inga, Le Cabec, Adeline, Benazzi, Stefano, Harvati, Katerina, and Gunz, Philipp (2017) New fossils from Jebel Irhoud, Morocco and the pan-African origin of *Homo sapiens. Nature* 546: 289-292.

Huerta-Sanchez, Emilia, Jin, Xin, Asan, Bianba, Zhuoma, Peter, Benjamin M., Vinckenbosch, Nicolas, Liang, Yu, Yi, Xin, He, Mingze, Somel, Mehmet, Ni, Peixiang, Wang, Bo, Ou, Xiaohua, Huasang, Luosang, Jiangbai, Cuo, Zha Xi Ping, Li, Kui, Gao, Guoyi, Yin, Ye, Wang, Wei, Zhang, Xiuqing, Xu, Xun, Yang, Huanming, Li, Yingrui, Wang, Jian, Wang, Jun, and Nielsen,

Rasmus (2014) Altitude adaptation in Tibetans caused by introgression of Denisovan-like DNA. *Nature* 512: 194-197.

Huffman, O.F., Zaim, Y., Kappelman, J., Ruez, Jr., D.R., de Vos, J., Rizal, Y., Aziz, F., and Hertler, C. (2006) Relocation of the 1936 Mojokerto skull discovery site near Perning, East Java. *Journal of Human Evolution* 50: 431-451.

Indriati, Etty, Swisher, Carl C., III, Lepre, Christopher, Quinn, Rhonda L., Suriyanto, Rusyad A., Hascaryo, Agus T., Grün, Rainer, Feibel, Craig S., Pobiner, Briana L., Aubert, Maxime, Lees, Wendy, and Antón, Susan C. (2011) The age of the 20 meter Solo River terrace, Java, Indonesia and the survival of *Homo erectus* in Asia. *PLoS One* 6: e21562.

Jacob, T., Indriati, E., Soejono, R. P., Hsü, K., Frayer, David W., Eckhardt, R.B., Kuperavage, A.J., Thorne, Alan G., and Henneberg, Maciej (2006) Pygmoid Australomelanesian *Homo sapiens* skeletal remains from Liang Bua, Flores: Population affinities and pathological abnormalities. *Proceedings of the National Academy of Sciences of the United States of America* 103: 13421-13426.

Jacobs, Zenobia, Li, Bo, Shunkov, Michael V., Kozlikin, Maxim B., Bolikhovskaya, Nataliya S., Agadjanian, Alexander K., Uliyanov, Vladimir A., Vasiliev, Sergei K., O'Gorman, Kieran, Derevianko, Anatoly P., and Roberts, Richard G. (2019) Timing of archaic hominin occupation of Denisova Cave in southern Siberia. *Nature* 565: 594-599.

Jaouen, Klervia, Richards, Michael P., Le Cabec, Adeline, Welker, Frido, Rendu, William, Hublin, Jean-Jacques, Soressi, Marie, and Talamo, Sahra (2019) Exceptionally high δ15N values in collagen single amino acids confirm Neandertals as high-trophic level carnivores. *Proceedings of the National Academy of Sciences* 116: 4928.

Johanson, Donald C, and Edey, Maitland A. (1981) *Lucy: Beginnings of Humankind*. Simon & Schuster.

Juric, Ivan, Aeschbacher, Simon, and Coop, Graham (2016) The strength of selection against Neanderthal introgression. *PLoS Genetics* 12: e1006340.

Kaifu, Yousuke, Arif, Johan, Yokoyama, Kazumi, Baba, Hisao, Suparka, Emmy,

인류의 진화

and Gunawan, Haji (2007) A new *Homo erectus* molar from Sangiran. *Journal of Human Evolution* 52: 222-226.

Kaifu, Yousuke, Aziz, Fachroel, Indriati, Etty, Jacob, Teuku, Kurniawan, Iwan, and Baba, Hisao (2008) Cranial morphology of Javanese *Homo erectus*: New evidence for continuous evolution, specialization, and terminal extinction. *Journal of Human Evolution* 55: 551-580.

Kaifu, Yousuke, Baba, Hisao, Aziz, Fachroel, Indriati, Etty, Schrenk, Friedemann, and Jacob, Teuku (2005) Taxonomic affinities and evolutionary history of the early Pleistocene hominids of Java: Dentognathic evidence. *American Journal of Physical Anthropology* 128: 709-726.

Kaifu, Yousuke, and Fujita, Masaki (2012) Fossil record of early modern humans in East Asia. *Quaternary International* 248: 2-11.

Kaifu, Yousuke, Zaim, Yahdi, Baba, Hisao, Kurniawan, Iwan, Kubo, Daisuke, Rizal, Yan, Arif, Johan, and Aziz, Fachroel (2011) New reconstruction and morphological description of a *Homo erectus* cranium: Skull IX (Tjg-1993.05) from Sangiran, Central Java. *Journal of Human Evolution* 61: 270-294.

Khorasani, Dänae G., and Lee, Sang-Hee (2020) Women in human evolution redux. In: Willermet, Catherine M., and Lee, Sang-Hee (eds) *Evaluating Evidence in Biological Anthropology: The Strange and the Familiar, pp. 11-34*. Cambridge University Press.

Kidder, James H., and Durband, Arthur C. (2004) A re-evaluation of the metric diversity within *Homo erectus*. *Journal of Human Evolution* 46: 297-313.

Klein, Richard G. (1989) *The Human Career. Human Biological and Cultural Origins*. University of Chicago Press.

Krantz, Grover S. (1999) *Bigfoot Sasquatch Evidence: The Anthropologist Speaks Out*. Hancock House Publishers.

Krantz, Laura (2022) *The Search for Sasquatch*. Abrams.

Krause, Johannes, Fu, Qiaomei, Good, Jeffrey M., Viola, Bence, Shunkov, Michael V., Dereviako, Anatoli P., and Paabo, Svante (2010) The complete mitochondrial DNA genome of an unknown hominin from southern Siberia. *Nature* 464: 894-897.

Krings, Matthias, Geisert, Helga, Schmitz, Ralf W., Krainitzki, Heike, and Pääbo, Svante (1999) DNA sequence of the mitochondrial hypervariable region II from the Neandertal type specimen. *Proceedings of the National Academy of Sciences* USA 96: 5581-5585.

Leakey, Louis S. B., Tobias, Phillip V., and Napier, J. R. (1964) A new species of the genus *Homo* from Olduvai Gorge. *Nature* 202: 7-9.

Leder, Dirk, Hermann, Raphael, Hüls, Matthias, Russo, Gabriele, Hoelzmann, Philipp, Nielbock, Ralf, Böhner, Utz, Lehmann, Jens, Meier, Michael, Schwalb, Antje, Tröller-Reimer, Andrea, Koddenberg, Tim, and Terberger, Thomas (2021) A 51,000-year-old engraved bone reveals Neanderthals' capacity for symbolic behaviour. *Nature Ecology & Evolution* 5: 1273-1282.

Lee, Sang-Hee (2016) *Homo erectus* in Salkhit, Mongolia? *HOMO — Journal of Comparative Human Biology* 66: 287-298.

Lee, Sang-Hee, and Yoon, Shin-Young (2018) *Close Encounters with Humankind: A Paleoanthropologist Investigates Our Evolving Species*. W. W. Norton.

Lee-Thorp, Julia, Likius, Andossa, Mackaye, Hassane T., Vignaud, Patrick, Sponheimer, Matt, and Brunet, Michel (2012) Isotopic evidence for an early shift to C4 resources by Pliocene hominins in Chad. *Proceedings of the National Academy of Sciences* 109: 20369-20372.

Lesnik, Julie J. (2018) *Edible Insects and Human Evolution*. University Press of Florida.

Lewis, Martin W., and Wigen, Kären (1997) *The Myth of Continents: A Critique of Metageography*. University of California Press.

Li, Feng, Bae, Christopher J., Ramsey, Christopher B., Chen, Fuyou, and Gao, Xing (2018) Re-dating Zhoukoudian Upper Cave, northern China and its regional significance. *Journal of Human Evolution* 121: 170-177.

Li, Tianyuan, and Etler, Dennis A. (1992) New Middle Pleistocene hominid crania from Yunxian in China. *Nature* 357: 404-407.

Li, Zhan-Yang, Wu, Xiu-Jie, Zhou, Li-Ping, Liu, Wu, Gao, Xing, Nian, Xiao-Mei, and Trinkaus, Erik (2017) Late Pleistocene archaic human crania from

Xuchang, China. *Science* 355: 969-972.

Liao, Wei, Xing, Song, Li, Dawei, Martinón-Torres, María, Wu, Xiujie, Soligo, Christophe, Bermúdez de Castro, José María, Wang, Wei, and Liu, Wu (2019) Mosaic dental morphology in a terminal Pleistocene hominin from Dushan Cave in southern China. *Scientific Reports* 9: 2347.

Linnaeus, C. (1758) *Systema Naturae*. Laurentius Galvius.

Liu, Wu, Jin, Chang-Zhu, Zhang, Ying-Qi, Cai, Yan-Jun, Xing, Song, Wu, Xiu-Jie, Cheng, Hai, Edwards, R. Lawrence, Pan, Wen-Shi, Qin, Da-Gong, An, Zhi-Sheng, Trinkaus, Erik, and Wu, Xin-Zhi (2010a) Human remains from Zhirendong, South China, and modern human emergence in East Asia. *Proceedings of the National Academy of Sciences* 107: 19201-19206.

Liu, Wu, Martinón-Torres, María, Cai, Yan-jun, Xing, Song, Tong, Hao-wen, Pei, Shu-wen, Sier, Mark Jan, Wu, Xiao-hong, Edwards, R. Lawrence, Cheng, Hai, Li, Yi-yuan, Yang, Xiong-xin, de Castro, José María Bermúdez, and Wu, Xiu-jie (2015) The earliest unequivocally modern humans in southern China. *Nature* 526: 696-699.

Liu, Wu, Schepartz, Lynne A., Xing, Song, Miller-Antonio, Sari, Wu, Xiujie, Trinkaus, Erik, and Martinón-Torres, María (2013) Late Middle Pleistocene hominin teeth from Panxian Dadong, South China. *Journal of Human Evolution* 64: 337-355.

Liu, Wu, Wu, Xianzhu, Pei, Shuwen, Wu, Xiujie, and Norton, Christopher J. (2010b) Huanglong Cave: A Late Pleistocene human fossil site in Hubei Province, China. *Quaternary International* 211: 29-41.

Liu, Wu, Zhang, Yinyun, and Wu, Xinzhi (2005) Middle Pleistocene human cranium from Tangshan (Nanjing), Southeast China: A new reconstruction and comparisons with *Homo erectus* from Eurasia and Africa. *American Journal of Physical Anthropology* 127: 253-262.

Lordkipanidze, David, Ponce de León, Marcia S., Margvelashvili, Ann, Rak, Yoel, Rightmire, G. Philip, Vekua, Abesalom, and Zollikofer, Christoph P. E. (2013) A complete skull from Dmanisi, Georgia, and the evolutionary biology of early *Homo*. *Science* 342: 326-331.

Lü, Zuné (1989) Date of Jinniushan Man and his position in human evolution. *Liao Hai Wen Wu Xue Kan*: 44-55.

Lü, Zuné (2003) The Jinniushan hominid in anatomical, chronological, and cultural context. In: Shen, C., and Keates, Susan G. (eds) *Current research in Chinese Pleistocene archaeology, pp. 127-136*. Archaeopress.

Martinón-Torres, María, Wu, Xiujie, Bermúdez de Castro, José María, Xing, Song, and Liu, Wu (2017) *Homo sapiens* in the Eastern Asian Late Pleistocene. *Current Anthropology* 58: S434-S448.

Massilani, Diyendo, Morley, Mike W., Mentzer, Susan M., Aldeias, Vera, Vernot, Benjamin, Miller, Christopher, Stahlschmidt, Mareike, Kozlikin, Maxim B., Shunkov, Michael V., Derevianko, Anatoly P., Conard, Nicholas J., Wurz, Sarah, Henshilwood, Christopher S., Vasquez, Javi, Essel, Elena, Nagel, Sarah, Richter, Julia, Nickel, Birgit, Roberts, Richard G., Pääbo, Svante, Slon, Viviane, Goldberg, Paul, and Meyer, Matthias (2022) Microstratigraphic preservation of ancient faunal and hominin DNA in Pleistocene cave sediments. *Proceedings of the National Academy of Sciences* 119: e2113666118.

Massilani, Diyendo, Skov, Laurits, Hajdinjak, Mateja, Gunchinsuren, Byambaa, Tseveendorj, Damdinsuren, Yi, Seonbok, Lee, Jungeun, Nagel, Sarah, Nickel, Birgit, Devièse, Thibaut, Higham, Tom, Meyer, Matthias, Kelso, Janet, Peter, Benjamin M., and Pääbo, Svante (2020) Denisovan ancestry and population history of early East Asians. *Science* 370: 579.

Mathieson, Iain, and Scally, Aylwyn (2020) What is ancestry? *PLoS Genetics* 16: e1008624.

Matsu'ura, Shuji, Kondo, Megumi, Danhara, Tohru, Sakata, Shuhei, Iwano, Hideki, Hirata, Takafumi, Kurniawan, Iwan, Setiyabudi, Erick, Takeshita, Yoshihiro, Hyodo, Masayuki, Kitaba, Ikuko, Sudo, Masafumi, Danhara, Yugo, and Aziz, Fachroel (2020) Age control of the first appearance datum for Javanese *Homo erectus* in the Sangiran area. *Science* 367: 210.

Matsumura, Hirofumi, Hung, Hsiao-chun, Higham, Charles, Zhang, Chi, Yamagata, Mariko, Nguyen, Lan Cuong, Li, Zhen, Fan, Xue-chun,

Simanjuntak, Truman, Oktaviana, Adhi Agus, He, Jia-ning, Chen, Chung-yu, Pan, Chien-kuo, He, Gang, Sun, Guo-ping, Huang, Wei-jin, Li, Xin-wei, Wei, Xing-tao, Domett, Kate, Halcrow, Siân, Nguyen, Kim Dung, Trinh, Hoang Hiep, Bui, Chi Hoang, Nguyen, Khanh Trung Kien, and Reinecke, Andreas (2019) Craniometrics reveal "Two Layers" of prehistoric human dispersal in Eastern Eurasia. *Scientific Reports* 9: 1451.

Matsumura, Hirofumi, and Pookajorn, Surin (2005) A morphometric analysis of the Late Pleistocene human skeleton from the Moh Khiew Cave in Thailand. *HOMO — Journal of Comparative Human Biology* 56: 93-118.

Mayr, Ernst (1950) Taxonomic categories in fossil hominids. *Cold Spring Harbor Symposia on Quantitative Biology* 15: 109-118.

McBrearty, Sally, and Brooks, Alison S. (2000) The revolution that wasn't: a new interpretation of the origin of modern human behavior. *Journal of Human Evolution* 39: 453-563.

McGraw, W. Scott, and Berger, Lee R. (2013) Raptors and primate evolution. *Evolutionary Anthropology: Issues, News, and Reviews* 22: 280-293.

McNutt, Ellison J., Hatala, Kevin G., Miller, Catherine, Adams, James, Casana, Jesse, Deane, Andrew S., Dominy, Nathaniel J., Fabian, Kallisti, Fannin, Luke D., Gaughan, Stephen, Gill, Simone V., Gurtu, Josephat, Gustafson, Ellie, Hill, Austin C., Johnson, Camille, Kallindo, Said, Kilham, Benjamin, Kilham, Phoebe, Kim, Elizabeth, Liutkus-Pierce, Cynthia, Maley, Blaine, Prabhat, Anjali, Reader, John, Rubin, Shirley, Thompson, Nathan E., Thornburg, Rebeca, Williams-Hatala, Erin Marie, Zimmer, Brian, Musiba, Charles M., and DeSilva, Jeremy M. (2021) Footprint evidence of early hominin locomotor diversity at Laetoli, Tanzania. *Nature* 600: 468-471.

McPherron, Shannon P., Alemseged, Zeresenay, Marean, Curtis W., Wynn, Jonathan G., Reed, Denne, Geraads, Denis, Bobe, Rene, and Bearat, Hamdallah A. (2010) Evidence for stone-tool-assisted consumption of animal tissues before 3.39 million years ago at Dikika, Ethiopia. *Nature* 466: 857-860.

Mellars, Paul, Boyle, Katie, Bar-Yosef, Ofer, and Stringer, Chris (eds) (2007)

참고문헌

Rethinking the Human Revolution: New Behavioural and Biological Perspectives on the Origin and Dispersal of Modern Humans. McDonald Institute for Archaeological Research.

Mijares, Armand Salvador, Détroit, Florent, Piper, Philip, Grün, Rainer, Bellwood, Peter, Aubert, Maxime, Champion, Guillaume, Cuevas, Nida, De Leon, Alexandra, and Dizon, Eusebio (2010) New evidence for a 67,000-year-old human presence at Callao Cave, Luzon, Philippines. *Journal of Human Evolution* 59: 123-132.

Mondal, Mayukh, Bertranpetit, Jaume, and Lao, Oscar (2019) Approximate Bayesian computation with deep learning supports a third archaic introgression in Asia and Oceania. *Nature Communications* 10: 246.

Morley, Robert J., Morley, Harsanti P., Zaim, Yahdi, and Huffman, O. Frank (2020) Palaeoenvironmental setting of Mojokerto *Homo erectus*, the palynological expressions of Pleistocene marine deltas, open grasslands and volcanic mountains in East Java. *Journal of Biogeography* 47: 566-583.

Morwood, Michael J., Brown, P., Jatmiko, Sutikna, Thomas, Saptomo, E. Wayhu, Westaway, K. E., Due, Rokus Awe, Roberts, R. G., Maeda, T., Wasisto, S., and Djubiantono, T. (2005) Further evidence for small-bodied hominins from the Late Pleistocene of Flores, Indonesia. *Nature* 437: 1012-1017.

Morwood, Michael J., Soejono, R. P., Roberts, R. G., Sutikna, T., Turney, C. S. M., Westaway, K. E., Rink, W. J., Zhao, J.-X., van der Bergh, G. D., Due, Rokus Awe, Hobbs, D. R., Moore, M. W., Bird, M. I., and Fifield, L. K. (2004) Archaeology and age of a new hominin from Flores in eastern Indonesia. *Nature* 431: 1087-1091.

Morwood, Michael J., and Van Oosterzee, Penny (2007) *A New Human: The Startling Discovery and Strange Story of the "Hobbits" of Flores, Indonesia*. Smithsonian.

Movius, Hallam L., Jr. (1948) The Lower Palaeolithic Cultures of Southern and Eastern Asia. *Transactions of the American Philosophical Society* 38: 329-420.

Nakagawa, Ryohei, Doi, Naomi, Nishioka, Yuichiro, Nunami, Shin, Yamauchi,

인류의 진화

Heizaburo, Fujita, Masaki, Yamazaki, Shinji, Yamamoto, Masaaki, Katagiri, Chiaki, Mukai, Hitoshi, Matsuzaki, Hiroyuki, Gakuhari, Takashi, Takigami, M. A. I., and Yoneda, Minoru (2010) Pleistocene human remains from Shiraho-Saonetabaru Cave on Ishigaki Island, Okinawa, Japan, and their radiocarbon dating. *Anthropological science* 118: 173-183.

Ni, Xijun, Ji, Qiang, Wu, Wensheng, Shao, Qingfeng, Ji, Yannan, Zhang, Chi, Liang, Lei, Ge, Junyi, Guo, Zhen, Li, Jinhua, Li, Qiang, Grün, Rainer, and Stringer, Chris (2021) Massive cranium from Harbin in northeastern China establishes a new Middle Pleistocene human lineage. *The Innovation* 2: 100130.

Norton, Christopher J. (2000) The current state of Korean paleoanthropology. *Journal of Human Evolution* 38: 803-825.

Norton, Christopher J., and Braun, David R. (eds) (2010) *Asian Paleoanthropology: From Africa to China and Beyond*. Springer.

Norton, Christopher J., and Gao, Xing (2008) Hominin — carnivore interactions during the Chinese Early Paleolithic: Taphonomic perspectives from Xujiayao. *Journal of Human Evolution* 55: 164-178.

Ossendorf, Götz, Groos, Alexander R., Bromm, Tobias, Tekelemariam, Minassie Girma, Glaser, Bruno, Lesur, Joséphine, Schmidt, Joachim, Akçar, Naki, Bekele, Tamrat, Beldados, Alemseged, Demissew, Sebsebe, Kahsay, Trhas Hadush, Nash, Barbara P., Nauss, Thomas, Negash, Agazi, Nemomissa, Sileshi, Veit, Heinz, Vogelsang, Ralf, Woldu, Zerihun, Zech, Wolfgang, Opgenoorth, Lars, and Miehe, Georg (2019) Middle Stone Age foragers resided in high elevations of the glaciated Bale Mountains, Ethiopia. *Science* 365: 583.

Pääbo, Svante (2014) *Neanderthal Man: In Search of Lost Genomes*. Basic Books.

Pääbo, Svante (2015) The contribution of ancient hominin genomes from Siberia to our understanding of human evolution. *Herald of the Russian Academy of Sciences* 85: 392-396.

Papagianni, Dimitra, and Morse, Michael A. (2015) *Neanderthals Rediscovered: How Modern Science Is Rewriting Their Story*. Thames & Hudson.

참고문헌

255

Park, Sun-Joo, and Lee, Yung-Jo (1990) A new discovery of the Upper
    Pleistocene child's skeleton from Hūngsu Cave (Turubon Cave Complex),
    Ch'ôngwôn, Korea. *Korean Journal of Quaternary Research* 4: 1-14.
Pattison, Kermit (2020) *Fossil Men: The Quest for the Oldest Skeleton and the
    Origins of Humankind.* William Morrow.
Petr, Martin, Pääbo, Svante, Kelso, Janet, and Vernot, Benjamin (2019) Limits of
    long-term selection against Neandertal introgression. *Proceedings of the
    National Academy of Sciences* 116: 1639-1644.
Petraglia, Michael, Clarkson, Christopher, Boivin, Nicole, Haslam, Michael,
    Korisettar, Ravi, Chaubey, Gyaneshwer, Ditchfield, Peter, Fuller, Dorian,
    James, Hannah, Jones, Sacha, Kivisild, Toomas, Koshy, Jinu, Lahr, Marta
    M., Metspalu, Mait, Roberts, Richard, and Arnold, Lee (2009) Population
    increase and environmental deterioration correspond with microlithic
    innovations in South Asia ca. 35,000 years ago. *Proceedings of the National
    Academy of Sciences* 106: 12261-12266.
Plummer, Thomas W., Oliver, James S., Finestone, Emma M., Ditchfield, Peter
    W., Bishop, Laura C., Blumenthal, Scott A., Lemorini, Cristina, Caricola,
    Isabella, Bailey, Shara E., Herries, Andy I. R., Parkinson, Jennifer A.,
    Whitfield, Elizabeth, Hertel, Fritz, Kinyanjui, Rahab N., Vincent, Thomas
    H., Li, Youjuan, Louys, Julien, Frost, Stephen R., Braun, David R., Reeves,
    Jonathan S., Early, Emily D. G., Onyango, Blasto, Lamela-Lopez, Raquel,
    Forrest, Frances L., He, Huaiyu, Lane, Timothy P., Frouin, Marine, Nomade,
    Sébastien, Wilson, Evan P., Bartilol, Simion K., Rotich, Nelson Kiprono,
    and Potts, Richard (2023) Expanded geographic distribution and dietary
    strategies of the earliest Oldowan hominins and Paranthropus. *Science*
    379: 561-566.
Pope, Geoffrey G. (1983) Evidence on the age of the Asian Hominidae.
    *Proceedings of the National Academy of Sciences of the United States of
    America* 80: 4988-4992.
Pope, Geoffrey G. (1988) Recent advances in far eastern paleoanthropology.
    Annual Reviews in Anthropology 17: 43-77.

Porr, Martin, and Matthews, Jacqueline M. (2017) Post-colonialism, human origins and the paradox of modernity. *Antiquity* 91: 1058-1068.

Porr, Martin, and Matthews, Jacqueline M. (eds) (2020) *Interrogating Human Origins: Decolonisation and the Deep Human Past.* Routledge.

Profico, Antonio, Buzi, Costantino, Di Vincenzo, Fabio, Boggioni, Marco, Borsato, Andrea, Boschian, Giovanni, Marchi, Damiano, Micheli, Mario, Cecchi, Jacopo Moggi, Samadelli, Marco, Tafuri, Mary Anne, Arsuaga, Juan Luis, and Manzi, Giorgio (2023) Virtual excavation and analysis of the early Neanderthal cranium from Altamura (Italy). *Communications Biology* 6: 316.

Prüfer, Kay, Racimo, Fernando, Patterson, Nick, Jay, Flora, Sankararaman, Sriram, Sawyer, Susanna, Heinze, Anja, Renaud, Gabriel, Sudmant, Peter H., de Filippo, Cesare, Li, Heng, Mallick, Swapan, Dannemann, Michael, Fu, Qiaomei, Kircher, Martin, Kuhlwilm, Martin, Lachmann, Michael, Meyer, Matthias, Ongyerth, Matthias, Siebauer, Michael, Theunert, Christoph, Tandon, Arti, Moorjani, Priya, Pickrell, Joseph, Mullikin, James C., Vohr, Samuel H., Green, Richard E., Hellmann, Ines, Johnson, Philip L. F., Blanche, Helene, Cann, Howard, Kitzman, Jacob O., Shendure, Jay, Eichler, Evan E., Lein, Ed S., Bakken, Trygve E., Golovanova, Liubov V., Doronichev, Vladimir B., Shunkov, Michael V., Derevianko, Anatoli P., Viola, Bence, Slatkin, Montgomery, Reich, David, Kelso, Janet, and Paabo, Svante (2014) The complete genome sequence of a Neanderthal from the Altai Mountains. *Nature* 505: 43-49.

Qiu, Jane (2016) How China is rewriting the book on human origins. *Nature* 535: 218-220.

Rampino, Michael R., and Self, Stephen (1992) Volcanic winter and accelerated glaciation following the Toba super-eruption. *Nature* 359: 50-52.

Reed, David L., Smith, Vincent S., Hammond, Shaless L., Rogers, Alan R., and Clayton, Dale H. (2004) Genetic analysis of lice supports direct contact between modern and archaic humans. *Public Library of Science* 2: e340.

Reich, David (2018) *Who We Are and How We Got Here: Ancient DNA and the*

New Science of the Human Past. Pantheon.

Reich, David, Green, Richard E, Kircher, Martin, Krause, Johannes, Patterson, Nick, Durand, Eric Y, Viola, Bence, Briggs, Adrian W, Stenzel, Udo, Johnson, Philip L F, Maricic, Tomislav, Good, Jeffrey M, Marques-Bonet, Tomas, Alkan, Can, Fu, Qiaomei, Mallick, Swapan, Li, Heng, Meyer, Matthias, Eichler, Evan E, Stoneking, Mark, Richards, Michael, Talamo, Sahra, Shunkov, Michael V, Derevianko, Anatoli P, Hublin, Jean-Jacques, Kelso, Janet, Slatkin, Montgomery, and Pääbo, Svante (2010) Genetic history of an archaic hominin group from Denisova Cave in Siberia. *Nature* 468: 1053-1060.

Reilly, Patrick F., Tjahjadi, Audrey, Miller, Samantha L., Akey, Joshua M., and Tucci, Serena (2022) The contribution of Neanderthal introgression to modern human traits. *Current Biology* 32: R970-R983.

Rightmire, G. Philip (1990) *The Evolution of Homo erectus. Comparative Anatomical Studies of an Extinct Human Species*. Cambridge University Press.

Rightmire, G. Philip (2004) Brain size and encephalization in early to Mid-Pleistocene *Homo*. *American Journal of Physical Anthropology* 124: 109-123.

Rizal, Yan, Westaway, Kira E., Zaim, Yahdi, van den Bergh, Gerrit D., Bettis, E. Arthur, Morwood, Michael J., Huffman, O. Frank, Grün, Rainer, Joannes-Boyau, Renaud, Bailey, Richard M., Westaway, Michael C., Kurniawan, Iwan, Moore, Mark W., Storey, Michael, Aziz, Fachroel, Zhao, Jian-xin, Aswan, Sipola, Maija E., Larick, Roy, Zonneveld, John-Paul, Scott, Robert, Putt, Shelby, Ciochon, Russell L., Sidarto, and Suminto (2019) Last appearance of *Homo erectus* at Ngandong, Java, 117,000 – 108,000 years ago. *Nature*.

Rosas, Antonio, Martínez-Maza, Cayetana, Bastir, Markus, García-Tabernero, Antonio, Lalueza-Fox, Carles, Huguete, Rosa, Ortiz, José Eugenio, Julià, Ramón, Soler, Vicente, Torres, Trinidad de, Martínez, Enrique, Cañaveras, Juan Carlos, Sánchez-Moral, Sergio, Cuezva, Soledad, Lario,

Javier, Santamaría, David, Rasilla, Marco de la, and Fortea, Javier (2006) Paleobiology and comparative morphology of a late Neandertal sample from El Sidrón, Asturias, Spain. *Proceedings of the National Academy of Sciences of the United States of America* 103: 196266-119271.

Rosenberg, Karen R., Lü, Zuné, and Ruff, Christopher B. (2006) Body size, body proportions, and encephalization in a Middle Pleistocene archaic human from northern China. *Proceedings of the National Academy of Sciences of the United States of America* 103: 3552-3556.

Rosenberg, Karen R., and Wu, Xinzhi (2013) A river runs through it: modern human origins in East Asia. In: Smith, Fred H., and Ahern, James C. M. (eds) *Origins of Modern Humans: Biology Reconsidered, Second Edition, pp. 89-121.* Wiley.

Rougier, Hélène, Crevecoeur, Isabelle, Beauval, Cédric, Posth, Cosimo, Flas, Damien, Wißing, Christoph, Furtwängler, Anja, Germonpré, Mietje, Gómez-Olivencia, Asier, Semal, Patrick, van der Plicht, Johannes, Bocherens, Hervé, and Krause, Johannes (2016) Neandertal cannibalism and Neandertal bones used as tools in Northern Europe. *Scientific Reports* 6: 29005.

Sarich, Vincent M., and Wilson, Allan C. (1967) Immunological time scale for hominid evolution. *Science* 158: 1200-1203.

Sautman, Barry (2001) Peking Man and the politics of paleoanthropological nationalism in China. *The Journal of Asian Studies* 60: 95-124.

Scardia, Giancarlo, Parenti, Fabio, Miggins, Daniel P., Gerdes, Axel, Araujo, Astolfo G. M., and Neves, Walter A. (2019) Chronologic constraints on hominin dispersal outside Africa since 2.48 Ma from the Zarqa Valley, Jordan. *Quaternary Science Reviews* 219: 1-19.

Scerri, Eleanor M. L., Thomas, Mark G., Manica, Andrea, Gunz, Philipp, Stock, Jay T., Stringer, Chris, Grove, Matt, Groucutt, Huw S., Timmermann, Axel, Rightmire, G. Philip, d'Errico, Francesco, Tryon, Christian A., Drake, Nick A., Brooks, Alison S., Dennell, Robin W., Durbin, Richard, Henn, Brenna M., Lee-Thorp, Julia, deMenocal, Peter, Petraglia, Michael D., Thompson, Jessica C., Scally, Aylwyn, and Chikhi, Lounès (2018) Did our species evolve

참고문헌

in subdivided populations across Africa, and why does it matter? *Trends in Ecology & Evolution* 33: 582-594.

Schmalzer, Sigrid (2008) *The People's Peking Man: Popular Science and Human Identity in Twentieth-Century China*. University of Chicago Press.

Semaw, Sileshi (2000) The world's oldest stone artefacts from Gona, Ethiopia: their implications for understanding stone technology and patterns of human evolution between 2.6-1.5 million years ago. *Journal of Archaeological Science* 27: 1197-1214.

Shang, Hong, Tong, Haowen, Zhang, Shuangquan, Chen, Fuyou, and Trinkaus, Erik (2007) An early modern human from Tianyuan Cave, Zhoukoudian, China. *Proceedings of the National Academy of Sciences of the United States of America* 104: 6573-6578.

Shang, Hong, and Trinkaus, Erik (2010) *The Early Modern Human from Tianyuan Cave, China*. Texas A&M University Press.

Shao, Qingfeng, Ge, Junyi, Ji, Qiang, Li, Jinhua, Wu, Wensheng, Ji, Yannan, Zhan, Tao, Zhang, Chi, Li, Qiang, Grün, Rainer, Stringer, Chris, and Ni, Xijun (2021) Geochemical provenancing and direct dating of the Harbin archaic human cranium. *The Innovation* 2: 100131.

Shen, Chen, Zhang, Xiaoling, and Gao, Xing (2016) Zhoukoudian in transition: Research history, lithic technologies, and transformation of Chinese Palaeolithic archaeology. *Quaternary International* 400: 4-13.

Shen, Guanjun, Fang, Yingshan, Bischoff, James L., Feng, Yue-xing, and Zhao, Jian-xin (2010) Mass spectrometric U-series dating of the Chaoxian hominin site at Yinshan, eastern China. *Quaternary International* 211: 24-28.

Shen, Guanjun, Gao, Xing, Gao, Bin, and Granger, Darryl E. (2009) Age of Zhoukoudian *Homo erectus* determined with 26Al/10Be burial dating. *Nature* 458: 198-200.

Shen, Guanjun, Ku, Teh-Lung, Cheng, Hai, Edwards, R. Lawrence, Yuan, Zhenxin, and Wang, Qian (2001) High-precision U-series dating of Locality 1 at Zhoukoudian, China. *Journal of Human Evolution* 41: 679-688.

Shen, Guanjun, Wang, Wei, Cheng, Hai, and Edwards, R. Lawrence (2007) Mass spectrometric U-series dating of Laibin hominid site in Guangxi, southern China. *Journal of Archaeological Science* 34: 2109-2114.

Shen, Guanjun, Wang, Wei, Wang, Qian, Zhao, Jianxin, Collerson, Kenneth D., Zhou, Chunlin, and Tobias, Phillip V. (2002) U-Series dating of Liujiang hominid site in Guangxi, Southern China. *Journal of Human Evolution* 43: 817-829.

Shen, Guanjun, Wu, Xianzhu, Wang, Qian, Tu, Hua, Feng, Yue-xing, and Zhao, Jian-xin (2013) Mass spectrometric U-series dating of Huanglong Cave in Hubei Province, central China: Evidence for early presence of modern humans in eastern Asia. *Journal of Human Evolution* 65: 162-167.

Shipman, Pat (2001) *The Man Who Found the Missing Link: Eugene Dubois and His Lifelong Quest to Prove Darwin Right.* Harvard University Press.

Shipman, Pat (2015) *The Invaders: How Humans and Their Dogs Drove Neanderthals to Extinction.* Harvard University Press.

Shipman, Pat, and Storm, Paul (2002) Missing links: Eugène Dubois and the origins of paleoanthropology. *Evolutionary Anthropology* 11: 108-116.

Sistiaga, Ainara, Mallol, Carolina, Galván, Bertila, and Summons, Roger Everett (2014) The Neanderthal meal: A new perspective using faecal biomarkers. *PLoS One* 9: e101045.

Skinner, Mark (1991) Bee brood consumption: an alternative explanation for hypervitaminosis A in KNM-ER 1808 (*Homo erectus*) from Koobi Fora, Kenya. *Journal of Human Evolution* 20: 493-503.

Skov, Laurits, Peyrégne, Stéphane, Popli, Divyaratan, Iasi, Leonardo N. M., Devièse, Thibaut, Slon, Viviane, Zavala, Elena I., Hajdinjak, Mateja, Sümer, Arev P., Grote, Steffi, Bossoms Mesa, Alba, López Herráez, David, Nickel, Birgit, Nagel, Sarah, Richter, Julia, Essel, Elena, Gansauge, Marie, Schmidt, Anna, Korlević, Petra, Comeskey, Daniel, Derevianko, Anatoly P., Kharevich, Aliona, Markin, Sergey V., Talamo, Sahra, Douka, Katerina, Krajcarz, Maciej T., Roberts, Richard G., Higham, Thomas, Viola, Bence, Krivoshapkin, Andrey I., Kolobova, Kseniya A., Kelso, Janet, Meyer, Matthias, Pääbo, Svante, and Peter, Benjamin M. (2022) Genetic insights into the social organization of Neanderthals. *Nature* 610: 519-525.

Slon, Viviane, Mafessoni, Fabrizio, Vernot, Benjamin, de Filippo, Cesare, Grote, Steffi, Viola, Bence, Hajdinjak, Mateja, Peyrégne, Stéphane, Nagel, Sarah, Brown, Samantha, Douka, Katerina, Higham, Tom, Kozlikin, Maxim B., Shunkov, Michael V., Derevianko, Anatoly P., Kelso, Janet, Meyer, Matthias, Prüfer, Kay, and Pääbo, Svante (2018) The genome of the offspring of a Neanderthal mother and a Denisovan father. *Nature* 561: 113-116.

Smith, Fred H., and Ahern, James C.M. (eds) (2013) *The Origins of Modern Humans: Biology Reconsidered.* John Wiley & Sons.

Smith, Fred H., Falsetti, A. B., and Donnelly, S. M. (1989) Modern human origins. *Yearbook of Physical Anthropology* 32: 217-226.

Snow, Dean R. (2013) Sexual dimorphism in European Upper Paleolithic cave art. *American Antiquity* 78: 746-761.

Sohn, Songy (1988) Contribution à l'etude des restes humains des os pariétaux découverts à Sangsi, Corée du Sud. 손보기박사정년기념 고고인류학논총, pp. 137-176.

Speth, John D. (2015) When did humans learn to boil? *PaleoAnthropology* 2015: 54-67.

Storm, Paul, Wood, Rachel, Stringer, Chris, Bartsiokas, Antonis, de Vos, John, Aubert, Maxime, Kinsley, Les, and Grün, Rainer (2013) U-series and radiocarbon analyses of human and faunal remains from Wajak, Indonesia. *Journal of Human Evolution* 64: 356-365.

Stringer, Christopher B. (1984) The definition of *Homo erectus* and the existence of the species in Africa and Europe. *Courier Forschungsinstitut Senckenberg* 69: 131-143.

Stringer, Christopher B. (1991) Replacement, continuity and the origin of *Homo sapiens.* In: Bräuer, G., and Smith, Fred H. (eds) *Continuity or Replacement: Controversies in Homo sapiens Evolution, pp. 9-24.* Balkema.

Stringer, Christopher B. (2016) The origin and evolution of *Homo sapiens.* *Philosophical Transactions of the Royal Society B: Biological Sciences* 371.

Stringer, Christopher B., and Andrews, Peter (1988) Genetic and fossil evidence for the origin of modern humans. *Science* 239: 1263-1268.

Sumner, Dale R., Hildebrandt, Sabine, Nesbitt, Allison, Carroll, Melissa A., Smocovitis, Vassiliki B., Laitman, Jeffrey T., Beresheim, Amy C., Ramnanan, Christopher J., and Blakey, Michael L. (2022) Racism, structural racism, and the American Association for Anatomy: Initial report from a task force. *The Anatomical Record* 305: 772-787.

Sun, Xue-feng, Wen, Shao-qing, Lu, Cheng-qiu, Zhou, Bo-yan, Curnoe, Darren, Lu, Hua-yu, Li, Hong-chun, Wang, Wei, Cheng, Hai, Yi, Shuang-wen, Jia, Xin, Du, Pan-xin, Xu, Xing-hua, Lu, Yi-ming, Lu, Ying, Zheng, Hong-xiang, Zhang, Hong, Sun, Chang, Wei, Lan-hai, Han, Fei, Huang, Juan, Edwards, R. Lawrence, Jin, Li, and Li, Hui (2021) Ancient DNA and multimethod dating confirm the late arrival of anatomically modern humans in southern China. *Proceedings of the National Academy of Sciences* 118: e2019158118.

Sussman, Robert W. (2013) Why the legend of the Killer Ape never dies: The enduring power of cultural beliefs to distort our view of human nature. In: Fry, Douglas P. (ed) *War, Peace, and Human Nature: The Convergence of Evolutionary and Cultural Views, 97-111*. Oxford University Press.

Sutikna, Thomas, Tocheri, Matthew W., Morwood, Michael J., Saptomo, E. Wahyu, Jatmiko, Awe, Rokus Due, Wasisto, Sri, Westaway, Kira E., Aubert, Maxime, Li, Bo, Zhao, Jian-xin, Storey, Michael, Alloway, Brent V., Morley, Mike W., Meijer, Hanneke J. M., van den Bergh, Gerrit D., Grün, Rainer, Dosseto, Anthony, Brumm, Adam, Jungers, William L., and Roberts, Richard G. (2016) Revised stratigraphy and chronology for *Homo floresiensis* at Liang Bua in Indonesia. *Nature* 532: 366.

Suzuki, Hisashi (1983) L'homme de Yamashita-cho. Un homme fossile du Pleistocene de l'île d'Okinawa (en anglais). *Bulletins et Mémoires de la Société d'Anthropologie de Paris*: 81-87.

Suzuki, Hisashi, and Hanihara, Kazuro (1982) *The Minatogawa Man*. University of Tokyo.

Swisher, Carl C., III, Curtis, Garniss H., Jacob, Teuku, Getty, A.G., Suprijo, A., and Widiasmoro (1994) Age of the earliest known hominids in Java,

Indonesia. *Science* 263: 1118-1121.

Swisher, Carl C., III, Curtis, Garniss H., and Lewin, Roger (2000) *Java Man: How Two Geologists' Dramatic Discoveries Changed Our Understanding of the Evolutionary Path to Modern Humans.* Scribner.

Swisher, Carl C., III, Rink, W. J., Antón, S. C., Schwarcz, H. P., Curtis, G. H., and Widiasmoro, A. Suprijo (1996) Latest *Homo erectus* of Java: Potential Contemporaneity with *Homo sapiens* in Southeast Asia. *Science* 274: 1870.

Sykes, Rebecca Wragg (2020) *Kindred: Neanderthal Life, Love, Death and Art.* Bloomsbury Sigma.

Thompson, Jessica C., Carvalho, Susana, Marean, Curtis W., and Alemseged, Zeresenay (2019) Origins of the human predatory pattern: The transition to large-animal exploitation by early hominins. *Current Anthropology* 60: 1-23.

Tong, H., Shang, H., Zhang, S., and Chen, F. (2004) A preliminary report on the newly found Tianyuan Cave, a Late Pleistocene human fossil site near Zhoukoudian. *Chinese Science Bulletin* 49: 853-857.

Toups, Melissa A., Kitchen, Andrew, Light, Jessica E., and Reed, David L. (2011) Origin of clothing lice indicates early clothing use by anatomically modern humans in Africa. *Molecular Biology and Evolution* 28: 29-32.

Trinkaus, Erik (2018) An abundance of developmental anomalies and abnormalities in Pleistocene people. *Proceedings of the National Academy of Sciences* 115: 11941.

Trinkaus, Erik, and Ruff, Christopher B. (1996) Early modern human remains from eastern Asia: the Yamashita-cho 1 immature postcrania. *Journal of Human Evolution* 30: 299-314.

Trinkaus, Erik, and Wu, Xiu-Jie (2017) External auditory exostoses in the Xuchang and Xujiayao human remains: Patterns and implications among eastern Eurasian Middle and Late Pleistocene crania. *PLoS One* 12: e0189390.

Tseveendorj, Damdinsuren, Gunchinsuren, Byambaa, Gelegdorj, Eregzen, Yi, Seonbok, and Lee, Sang-Hee (2016) Patterns of human evolution in northeast Asia with a particular focus on Salkhit. *Quaternary International* 400: 175-179.

UNESCO (1950) The race question.

van den Bergh, Gerrit D, Mubroto, Bondan, Aziz, Fachroel, Sondaar, Paul Y, and de Vos, John (1996) Did *Homo erectus* reach the island of Flores? *Bulletin of the Indo-Pacific Prehistory Association* 14: 27-36.

van den Bergh, Gerrit D., Kaifu, Yousuke, Kurniawan, Iwan, Kono, Reiko T., Brumm, Adam, Setiyabudi, Erick, Aziz, Fachroel, and Morwood, Michael J. (2016) *Homo floresiensis*-like fossils from the early Middle Pleistocene of Flores. *Nature* 534: 245-248.

Vernot, Benjamin, Zavala, Elena I., Gómez-Olivencia, Asier, Jacobs, Zenobia, Slon, Viviane, Mafessoni, Fabrizio, Romagné, Frédéric, Pearson, Alice, Petr, Martin, Sala, Nohemi, Pablos, Adrián, Aranburu, Arantza, de Castro, José María Bermúdez, Carbonell, Eudald, Li, Bo, Krajcarz, Maciej T., Krivoshapkin, Andrey I., Kolobova, Kseniya A., Kozlikin, Maxim B., Shunkov, Michael V., Derevianko, Anatoly P., Viola, Bence, Grote, Steffi, Essel, Elena, Herráez, David López, Nagel, Sarah, Nickel, Birgit, Richter, Julia, Schmidt, Anna, Peter, Benjamin, Kelso, Janet, Roberts, Richard G., Arsuaga, Juan-Luis, and Meyer, Matthias (2021) Unearthing Neanderthal population history using nuclear and mitochondrial DNA from cave sediments. *Science* 372: eabf1667.

Vialet, Amélie, Guipert, Gaspard, Jianing, He, Xiaobo, Feng, Zune, Lu, Youping, Wang, Tianyuan, Li, de Lumley, Marie-Antoinette, and de Lumley, Henry (2010) *Homo erectus* from the Yunxian and Nankin Chinese sites: Anthropological insights using 3D virtual imaging techniques. *Comptes Rendus Palevol* 9: 331-339.

Vidal, Céline M., Lane, Christine S., Asrat, Asfawossen, Barfod, Dan N., Mark, Darren F., Tomlinson, Emma L., Tadesse, Amdemichael Zafu, Yirgu, Gezahegn, Deino, Alan, Hutchison, William, Mounier, Aurélien, and Oppenheimer, Clive (2022) Age of the oldest known *Homo sapiens* from eastern Africa. *Nature* 601: 579-583.

Villmoare, Brian (2005) Metric and non-metric randomization methods, geographic variation, and the single-species hypothesis for Asian and African *Homo erectus*. *Journal of Human Evolution* 49: 680-701.

Von Koenigswald, G. H. R. (1954) *Pithecanthropus, Meganthropus and the Australopithecinae*. *Nature* 173: 795-797.

von Koenigswald, G. H. R. (1973) *Australopithecus, Meganthropus and Ramapithecus*. *Journal of Human Evolution* 2: 487-491.

Walker, Alan, Zimmerman, M.R., and Leakey, R.E.F. (1982) A possible case of hypervitaminosis A in *Homo erectus*. *Nature* 296: 248-250.

Wall, Jeffrey D., and Kim, Sung K. (2007) Inconsistencies in Neanderthal Genomic DNA Sequences. *PLoS Genetics* 3: e175.

Weidenreich, Franz (1938-39) On the earliest representatives of modern mankind recovered on the soil of East Asia. *Peking Natural History Bulletin* 13: 161-174.

Weidenreich, Franz (1943) The skull of *Sinanthropus pekinensis*: A comparative study of a primitive hominid skull. *Palaeontologia Sinica, New Series D* 10.

Weidenreich, Franz (1946) *Apes, Giants, and Man*. University of Chicago Press.

Weidenreich, Franz (1951) Morphology of Solo man. *Anthropological Papers of the American Museum of Natural History* 43: 205-290.

Welker, Frido, Ramos-Madrigal, Jazmín, Kuhlwilm, Martin, Liao, Wei, Gutenbrunner, Petra, de Manuel, Marc, Samodova, Diana, Mackie, Meaghan, Allentoft, Morten E., Bacon, Anne-Marie, Collins, Matthew J., Cox, Jürgen, Lalueza-Fox, Carles, Olsen, Jesper V., Demeter, Fabrice, Wang, Wei, Marques-Bonet, Tomas, and Cappellini, Enrico (2019) Enamel proteome shows that *Gigantopithecus* was an early diverging pongine. *Nature* 576: 262-265.

Weyrich, Laura S., Duchene, Sebastian, Soubrier, Julien, Arriola, Luis, Llamas, Bastien, Breen, James, Morris, Alan G., Alt, Kurt W., Caramelli, David, Dresely, Veit, Farrell, Milly, Farrer, Andrew G., Francken, Michael, Gully, Neville, Haak, Wolfgang, Hardy, Karen, Harvati, Katerina, Held, Petra, Holmes, Edward C., Kaidonis, John, Lalueza-Fox, Carles, de la Rasilla,

인류의 진화

Marco, Rosas, Antonio, Semal, Patrick, Soltysiak, Arkadiusz, Townsend, Grant, Usai, Donatella, Wahl, Joachim, Huson, Daniel H., Dobney, Keith, and Cooper, Alan (2017) Neanderthal behaviour, diet, and disease inferred from ancient DNA in dental calculus. *Nature* 544: 357-361.

White, Tim D., Asfaw, Berhane, DeGusta, David, Gilbert, Henry, Richards, Gary D., Suwa, Gen, and Howell, F. Clark (2003) Pleistocene *Homo sapiens* from Middle Awash, Ethiopia. *Nature* 423: 742-747.

Whiten, Andrew (2019) Cultural evolution in animals. *Annual Review of Ecology, Evolution, and Systematics* 50: 27-48.

Wilson, Alan C., and Sarich, Vincent M. (1969) A molecular time scale for human evolution. *Proceedings of the National Academy of Sciences* 63: 1088-1093.

Wißing, Christoph, Rougier, Hélène, Baumann, Chris, Comeyne, Alexander, Crevecoeur, Isabelle, Drucker, Dorothée G., Gaudzinski-Windheuser, Sabine, Germonpré, Mietje, Gómez-Olivencia, Asier, Krause, Johannes, Matthies, Tim, Naito, Yuichi I., Posth, Cosimo, Semal, Patrick, Street, Martin, and Bocherens, Hervé (2019) Stable isotopes reveal patterns of diet and mobility in the last Neandertals and first modern humans in Europe. *Scientific Reports* 9: 4433.

Wolpoff, Milford H, and Lee, Sang-Hee (2014) WLH 50: How Australia informs the worldwide pattern of Pleistocene human evolution. *PaleoAnthropology* 2014: 505-564.

Wolpoff, Milford H. (1999) *Paleoanthropology*. McGraw-Hill.

Wolpoff, Milford H., Hawks, John D., Frayer, David W., and Hunley, Keith (2001) Modern human ancestry at the peripheries: a test of the replacement theory. *Science* 291: 293-297.

Wolpoff, Milford H., and Lee, Sang-Hee (2012) The African origin of recent humanity. In: Reynolds, Sally C., and Gallagher, Andrew (eds) *African Genesis: Perspectives on Hominin Evolution, pp. 347-364*. Cambridge University Press.

Wolpoff, Milford H., Thorne, Alan G., Jelínek, Jan, and Zhang, Yinyun (1994) The case for sinking *Homo erectus*: 100 years of *Pithecanthropus* is enough!

In: Franzen, J. L. (ed) *100 years of Pithecanthropus: The Homo erectus problem, pp. 341-361.*

Wolpoff, Milford H., Wu, Xinzhi, and Thorne, Alan G. (1984) Modern *Homo sapiens* origins: a general theory of hominid evolution involving the fossil evidence from East Asia. In: Smith, Fred H., and Spencer, F. (eds) *The Origins of Modern Humans, pp. 411-483.* Alan R. Liss.

Wood, Bernard A. (1994) Taxonomy and evolutionary relationships of *Homo erectus. Courier Forschungsinstitut Senckenberg* 171: 159-165.

Wrangham, Richard (2010) *Catching Fire: How Cooking Made Us Human.* Basic Books.

Wrangham, Richard, and Peterson, Dale (1996) *Demonic Males: Apes and the Origins of Human Violence.* Houghton Mifflin Harcourt.

Wu, Xinzhi (2004) On the origin of modern humans in China. *Quaternary International* 117: 131-140.

Wu, Xinzhi, and Athreya, Sheela (2013) A description of the geological context, discrete traits, and linear morphometrics of the Middle Pleistocene hominin from Dali, Shaanxi Province, China. *American Journal of Physical Anthropology* 150: 141-157.

Wu, Xinzhi, and Poirier, F.E. (1995) *Human Evolution in China: A Metric Description of the Fossils and a Review of the Sites.* Oxford University Press.

Wu, Xiu-Jie, Pei, Shu-Wen, Cai, Yan-Jun, Tong, Hao-Wen, Li, Qiang, Dong, Zhe, Sheng, Jin-Chao, Jin, Ze-Tian, Ma, Dong-Dong, Xing, Song, Li, Xiao-Li, Cheng, Xing, Cheng, Hai, de la Torre, Ignacio, Edwards, R. Lawrence, Gong, Xi-Cheng, An, Zhi-Sheng, Trinkaus, Erik, and Liu, Wu (2019) Archaic human remains from Hualongdong, China, and Middle Pleistocene human continuity and variation. *Proceedings of the National Academy of Sciences* 116: 9820.

Xiao, Dongfang, Bae, Christopher J., Shen, Guanjun, Delson, Eric, Jin, Jennie J. H., Webb, Nicole M., and Qiu, Licheng (2014) Metric and geometric morphometric analysis of new hominin fossils from Maba (Guangdong, China). *Journal of Human Evolution* 74: 1-20.

Yang, Melinda A., Gao, Xing, Theunert, Christoph, Tong, Haowen, Aximu-Petri, Ayinuer, Nickel, Birgit, Slatkin, Montgomery, Meyer, Matthias, Pääbo, Svante, Kelso, Janet, and Fu, Qiaomei (2017) 40,000-Year-Old Individual from Asia Provides Insight into Early Population Structure in Eurasia. *Current Biology* 27: 3202-3208.e3209.

Yen, Hsiao-pei (2014) Evolutionary Asiacentrism, Peking Man, and the origins of Sinocentric ethno-nationalism. *Journal of the History of Biology* 47: 585-625.

Zaim, Yahdi, Ciochon, Russell L., Polanski, Joshua M., Grine, Frederick E., Bettis Iii, E. Arthur, Rizal, Yan, Franciscus, Robert G., Larick, Roy R., Heizler, Matthew, Aswan, Eaves, K. Lindsay, and Marsh, Hannah E. (2011) New 1.5 million-year-old *Homo erectus* maxilla from Sangiran (Central Java, Indonesia). *Journal of Human Evolution* 61: 363-376.

Zavala, Elena I., Jacobs, Zenobia, Vernot, Benjamin, Shunkov, Michael V., Kozlikin, Maxim B., Derevianko, Anatoly P., Essel, Elena, de Fillipo, Cesare, Nagel, Sarah, Richter, Julia, Romagné, Frédéric, Schmidt, Anna, Li, Bo, O'Gorman, Kieran, Slon, Viviane, Kelso, Janet, Pääbo, Svante, Roberts, Richard G., and Meyer, Matthias (2021) Pleistocene sediment DNA reveals hominin and faunal turnovers at Denisova Cave. *Nature* 595: 399-403.

Zeitoun, Valéry, Barriel, Véronique, and Widianto, Harry (2016) Phylogenetic analysis of the calvaria of *Homo floresiensis*. *Comptes Rendus Palevol* 15: 555-568.

Zhang, Xinjun, Witt, Kelsey E., Bañuelos, Mayra M., Ko, Amy, Yuan, Kai, Xu, Shuhua, Nielsen, Rasmus, and Huerta-Sanchez, Emilia (2021) The history and evolution of the Denisovan-EPAS1 haplotype in Tibetans. *Proceedings of the National Academy of Sciences* 118: e2020803118.

Zhang, Yinyun (1985) Gigantopithecus and "*Australopithecus*" in China. In: Wu, R.K., and Olsen, J.W. (eds) *Paleoanthropology and Paleolithic Archaeology in the People's Republic of China, pp. 69-78*. Academic Press.

Zhang, Yinyun (1987) Enamel hypoplasia of *Gigantopithecus blacki*. *Acta Anthropologica Sinica* 6: 175-179.

Zhao, Jian-xin, Hu, Kai, Collerson, Kenneth D., and Xu, Han-kui (2001) Thermal ionization mass spectrometry U-series dating of a hominid site near Nanjing, China. *Geology* 29: 27-30.

Zhu, R. X., Potts, R., Pan, Y. X., Yao, H. T., L , L. Q., Zhao, X., Gao, X., Chen, L. W., Gao, F., and Deng, C. L. (2008) Early evidence of the genus *Homo* in East Asia. *Journal of Human Evolution* 55: 1075-1085.

Zhu, R. X., Potts, R., Xie, F., Hoffman, K. A., Deng, C. L., Shi, C. D., Pan, Y. X., Wang, H. Q., Shi, R. P., Wang, Y. C., Shi, G. H., and Wu, N. Q. (2004) New evidence on the earliest human presence at high northern latitudes in northeast Asia. *Nature* 431: 559-562.

Zhu, Rixiang, An, Zhisheng, Potts, Richard, and Hoffman, Kenneth A. (2003) Magnetostratigraphic dating of early humans in China. *Earth-Science Reviews* 61: 341-359.

Zhu, Zhao-Yu, Dennell, Robin, Huang, Wei-Wen, Wu, Yi, Rao, Zhi-Guo, Qiu, Shi-Fan, Xie, Jiu-Bing, Liu, Wu, Fu, Shu-Qing, Han, Jiang-Wei, Zhou, Hou-Yun, Ou Yang, Ting-Ping, and Li, Hua-Mei (2015) New dating of the *Homo erectus* cranium from Lantian (Gongwangling), China. *Journal of Human Evolution* 78: 144-157.

Zhu, Zhaoyu, Dennell, Robin, Huang, Weiwen, Wu, Yi, Qiu, Shifan, Yang, Shixia, Rao, Zhiguo, Hou, Yamei, Xie, Jiubing, Han, Jiangwei, and Ouyang, Tingping (2018) Hominin occupation of the Chinese Loess Plateau since about 2.1 million years ago. *Nature* 559: 608-612.

Zohar, Irit, Alperson-Afil, Nira, Goren-Inbar, Naama, Prévost, Marion, Tütken, Thomas, Sisma-Ventura, Guy, Hershkovitz, Israel, and Najorka, Jens (2022) Evidence for the cooking of fish 780,000 years ago at Gesher Benot Ya'aqov, Israel. *Nature Ecology & Evolution* 6: 2016-2028.

Zwyns, Nicolas, Paine, Cleantha H., Tsedendorj, Bolorbat, Talamo, Sahra, Fitzsimmons, Kathryn E., Gantumur, Angaragdulguun, Guunii, Lkhundev, Davakhuu, Odsuren, Flas, Damien, Dogandžić, Tamara, Doerschner, Nina, Welker, Frido, Gillam, J. Christopher, Noyer, Joshua B., Bakhtiary, Roshanne S., Allshouse, Aurora F., Smith, Kevin N., Khatsenovich, Arina M.,

인류의 진화

Rybin, Evgeny P., Byambaa, Gunchinsuren, and Hublin, Jean-Jacques (2019) The Northern Route for Human dispersal in Central and Northeast Asia: New evidence from the site of Tolbor-16, Mongolia. *Scientific Reports* 9: 11759.

권오영 (2022)『미래를 여는 한국 고대사』. 서울대학교출판문화원.

랭엄, 리처드 (2011)『요리 본능: 불 요리 그리고 진화』. 사이언스북스.

박선주 (1997)「우리 겨레의 뿌리와 형성」,『한국 민족의 기원과 형성 (상)』, pp. 185-238. 소화.

박정재 (2021)『기후의 힘』. 바다출판사.

배기동 (2021)『아시아의 인류 진화와 구석기문화』. 한양대학교 출판부.

사익스, 레베카 랙 (2022) 네안데르탈: 멸종과 영원의 대서사시. 생각의힘.

사회과학원 고고학연구소 (2009)『조선고고학전서51 인류학편2 조선사람의 기원과 형성』. 진인진.

사회과학원 고고학연구소 (2009)『조선고고학전서1 원시편 1 북부조선지역의 구석기시대유적 』. 진인진.

손보기 (1989)「1만여년전의 사람과 그 문화의 특징 — 한반도 거의 전역에 구석기인 살아」,『과학동아』4: 90-100.

시프먼, 팻 (2017)『침입종 인간: 인간은 어떻게 가장 번성한 침입종이 되었나』. 김영사.

아우얼, 진 M. (2016)『대지의 아이들 1부: 동굴곰족 1, 2』. 검은숲.

역사연구소, 사회과학원 (1988)『조선통사(상)』. 오월.

오영찬 (2019)「민족의 기원을 찾아서 — 한국 상고 민족 담론의 창안 —」,『한국문화연구』37: 103-132.

우은진 (2022)「한국인의 기원과 형성에 관한 연구 검토: 담론의 형성과 전개」,『통설의 탄생: 한국 상고사의 주류학설에 대한 발전적 검토』, pp. 19-40. 진인진.

우은진, 정충원, 조혜란 (2018)『우리는 모두 2% 네안데르탈인이다: 우리의 뼈와 유전자로 들려주는 최신 고인류학 이야기』. 뿌리와 이파리.

이문영 (2018)『유사역사학 비판』. 역사비평사.

이상희 (2007)「고인류학 연구의 최근 동향을 중심으로 본 인류의 진화」,『한국고고학보』64: 122-171.

이상희 (2013) 「인류 진화사의 관점에서 바라본 동북아시아」, 『호서고고학』 29: 32-57.

이상희 (2018) 「홍수아이 1호는 과연 구석기시대 매장 화석인가?」, 『한국상고사학보』 100: 205-217.

이상희 (2020) 「동북아시아 출토 고인류 집단과 한반도 출토 화석 인류의 현재」, 『뼈로 읽는 과거 사회 — 옛사람 뼈를 이용한 과거 생활상 복원 방법』, pp. 305-347. 서울대학교출판문화원.

이상희 (2021) 「한국의 고인류학: 현재와 미래」, 『한국의 고고학』 53: 40-43.

이상희, 윤신영 (2015) 『인류의 기원』. 사이언스북스.

이선복 (1997) 「최근의 '단군릉' 문제」, 『한국사 시민강좌』 21: 43-57.

이선복 (2015) 『인류의 기원과 진화』. 사회평론아카데미.

이융조 (2017) 『두루봉과 홍수아이』. 국립청주박물관 한국선사문화연구원.

이융조, 박선주 (1991) 『청원 두루봉 홍수굴 발굴조사보고서』. 충북대학교 박물관.

장우진 (2008) 『단군릉의 발굴과정과 유골감정』. 백산자료원.

장우진 (2010) 『화산용암속에 묻힌 인류화석』. 사회과학출판사.

주이치, 야마기와 (2015) 『폭력은 어디서 왔나』. 곰출판.

쿡, 루시 (2023) 『암컷들』. 웅진지식하우스.

패티슨, 커밋 (2020) 『화석맨 — 인류의 기원과 가장 오래된 뼈 화석을 찾기 위한 여정』. 김영사.

페보, 스반테 (2015) 『잃어버린 게놈을 찾아서: 네안데르탈인에서 데니소바인까지』. 부키.

푸엔테스, 아구스틴 (2018) 『크리에이티브: 돌에서 칼날을 떠올린 순간』. 추수밭.

한영희 (1997) 「한민족의 기원」, 『한국 민족의 기원과 형성 (상)』, pp. 73-117. 소화.

헤어, 브라이언, 우즈, 버네사 (2021) 『다정한 것이 살아남는다 — 친화력으로 세상을 바꾸는 인류의 진화에 관하여』. 디플롯.

헨릭, 조지프 (2019) 『호모 사피엔스, 그 성공의 비밀』. 뿌리와이파리.

사진 저작권

사진 저작권

인류의 진화

194~195쪽   ©한마음재단

208~209쪽   ©이상희 이상희(2020) 동북아시아 출토 고인류 집단과 한반도 출토
화석
박순영 (편저) (2020) 『뼈로 읽는 과거 사회—옛사람 뼈를 이용한 과거
생활상 복원 방법』. 서울: 서울대학교출판문화원. pp. 305-347.

211쪽   ©충북대학교박물관

인류의 진화

아프리카에서 한반도까지, 우리가 우리가 되어온 여정

© 이상희, 2023. Printed in Seoul, Korea

초판 1쇄 펴낸날	2023년 6월 30일
초판 3쇄 펴낸날	2024년 10월 25일
지은이	이상희
펴낸이	한성봉
편집	최창문·이종석·오시경·권지연·이동현·김선형
콘텐츠제작	안상준
디자인	최세정
마케팅	박신용·오주형·박민지·이예지
경영지원	국지연·송인경
펴낸곳	도서출판 동아시아
등록	1998년 3월 5일 제1998-000243호
주소	서울시 중구 필동로8길 73 [예장동 1-42] 동아시아빌딩
페이스북	www.facebook.com/dongasiabooks
전자우편	dongasiabook@naver.com
블로그	blog.naver.com/dongasiabook
인스타그램	www.instagram.com/dongasiabook
전화	02) 757-9724, 5
팩스	02) 757-9726

ISBN   978-89-6262-568-4 03470

※ 잘못된 책은 구입하신 서점에서 바꿔드립니다.

만든 사람들

편집	전인수·최창문
교정 교열	김대훈
크로스교열	안상준
디자인	페이퍼컷 장상호
본문 조판	김선형

이 책은 재단법인 한마음재단의 연구 지원을 받아 저술되었습니다.